り！

学ぶ人は、
変えて
ゆく人だ。

目の前にある問題はもちろん、

人生の問いや、

社会の課題を自ら見つけ、

挑み続けるために、人は学ぶ。

「学び」で、

少しずつ世界は変えてゆける。

いつでも、どこでも、誰でも、

学ぶことができる世の中へ。

旺文社

もくじ

教科書対照表 下記専用サイトをご確認ください。

https://www.obunsha.co.jp/service/teikitest/

S T A F F

編集協力	有限会社マイプラン
校正	下村良枝／田中麻衣子／平松元子
装丁デザイン	groovisions
本文デザイン	大滝奈緒子（プラン・グラフ）
本文イラスト	長谷川盟

本書の特長と使い方

本書の特長

1. **STEP 1 要点チェック**，**STEP 2 基本問題**，**STEP 3 得点アップ問題**の3ステップで，段階的に定期テストの得点力が身につきます。

2. スケジュールの目安が示してあるので，定期テストの範囲を1日30分×7日間で，計画的にスピード完成できます。

3. コンパクトで持ち運びしやすい「+10点暗記ブック」＆赤シートで，いつでもどこでも，テスト直前まで大切なポイントを確認できます。

STEP 1 要点チェック

テスト1週間前から確認!

単元の要点をまとめたページです。テスト範囲の大事なポイントを確認しましょう。

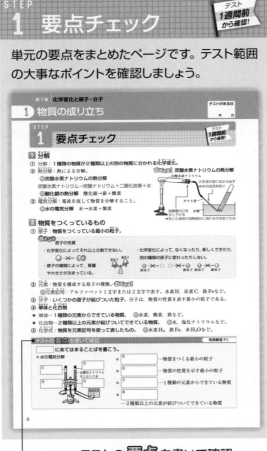

テストの **要点** を書いて確認
大事なポイントを，
書き込んで整理できます。

STEP 2 基本問題

テスト5日前から確認!

基本的な問題で単元の内容を確認しながら，定期テストの問題形式に慣れるよう練習しましょう。

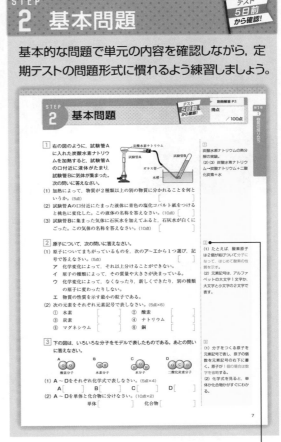

わからない問題は，右のヒントを見ながら解くことで，理解が深まります。

アイコンの説明

 おぼえる！ これだけは覚えたほうがいい内容。

 ポイント その単元のポイントをまとめた内容。

 よくでる テストによくでる問題。
時間がないときはここから始めよう。

難 難しい問題。
これが解ければテストで差がつく！

 文章記述 文章で説明する問題。

 作図 図やグラフをかく問題。

 入試に出る！ 実際の入試問題。定期テストに出そうな問題をピックアップ。

STEP 3 得点アップ問題

テスト3日前から確認！

単元の総仕上げ問題です。テスト本番と同じように取り組んで，得点力を高めましょう。

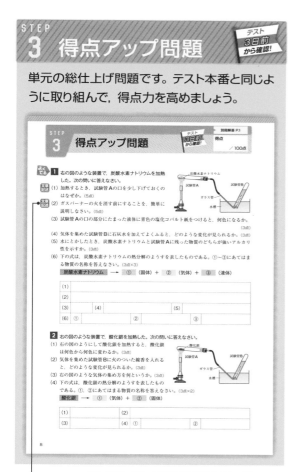

アイコンで，問題の難易度などがわかります。

定期テスト予想問題

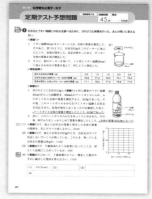

章末のまとめ問題です。
総合的な問題にチャレンジできます。

+10点 暗記ブック

コンパクトで，テスト当日の確認にピッタリ！
赤シート付き。

1 物質の成り立ち

STEP 1 要点チェック

テスト1週間前から確認!

1 分解

① 分解：1種類の物質が2種類以上の別の物質に分かれる化学変化。

② 熱分解：熱による分解。

　例 炭酸水素ナトリウムの熱分解

　炭酸水素ナトリウム→炭酸ナトリウム+二酸化炭素+水

　例 酸化銀の熱分解　　酸化銀→銀+酸素

③ 電気分解：電流を流して物質を分解すること。

　例 水の電気分解　　水→水素+酸素

おぼえる! 炭酸水素ナトリウムの熱分解

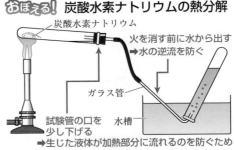

炭酸水素ナトリウム
火を消す前に水から出す
→水の逆流を防ぐ
ガラス管
水槽
試験管の口を少し下げる
→生じた液体が加熱部分に流れるのを防ぐため

2 物質をつくっているもの

① 原子：物質をつくっている最小の粒子。

ポイント

原子の性質

・化学変化によってそれ以上分割できない。

・原子の種類によって，質量や大きさが決まっている。

銀原子　銅原子

・化学変化によって，なくなったり，新しくできたり，別の種類の原子に変わったりしない。

銀原子　　　銀原子 銀原子　　銅原子

② 元素：物質を構成する原子の種類。 おぼえる!

　例 元素記号：アルファベット1文字または2文字で表す。水素H，炭素C，鉄Feなど。

③ 分子：いくつかの原子が結びついた粒子。分子は，物質の性質を表す最小の粒子である。

④ 単体と化合物

● 単体…1種類の元素からできている物質。　例 水素，酸素，鉄など。

● 化合物…2種類以上の元素が結びついてできている物質。　例 水，塩化ナトリウムなど。

⑤ 化学式：物質を元素記号を使って表したもの。　例 水素H_2，鉄Fe，水H_2Oなど。

テストの 要点 を書いて確認

別冊解答 P.1

□ にあてはまることばを書こう。

● 水の電気分解

① 　　　②
水酸化ナトリウムをとかした水
③ 　　　④
電源装置 - +

⑤ 　　　…物質をつくる最小の粒子

⑥ 　　　…物質の性質を示す最小の粒子

⑦ 　　　…1種類の元素からできている物質

⑧ 　　　…2種類以上の元素が結びついてできている物質

STEP
2
基本問題

テスト
5日前
から確認!

別冊解答 P.1
得点
／100点

第1章
1
物質の成り立ち

1 右の図のように，試験管**A**
に入れた炭酸水素ナトリウ
ムを加熱すると，試験管**A**
の口付近に液体がたまり，
試験管**B**に気体が集まった。
次の問いに答えなさい。

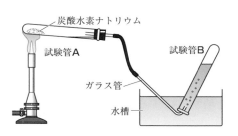

炭酸水素ナトリウム
試験管A
試験管B
ガラス管
水槽

（1）加熱によって，物質が2種類以上の別の物質に分かれることを何と
いうか。（5点）　　　　　　　　　　　　　　[　　　　　　]

（2）試験管**A**の口付近にたまった液体に青色の塩化コバルト紙をつける
と桃色に変化した。この液体の名称を答えなさい。（10点）[　　　　]

（3）試験管**B**に集まった気体に石灰水を加えてふると，石灰水が白くに
ごった。この気体の名称を答えなさい。（10点）　[　　　　　　]

2 原子について，次の問いに答えなさい。

（1）原子についてまちがっているものを，次のア〜エから1つ選び，記
号で答えなさい。（5点）　　　　　　　　　　　[　　　　]
　　ア　化学変化によって，それ以上分けることができない。
　　イ　原子の種類によって，その質量や大きさが決まっている。
　　ウ　化学変化によって，なくなったり，新しくできたり，別の種類
　　　　の原子に変わったりしない。
　　エ　物質の性質を示す最小の粒子である。

（2）次の元素をそれぞれ元素記号で表しなさい。（5点×6）
　　①　水素　　　[　　　]　　　②　酸素　　　[　　　]
　　③　炭素　　　[　　　]　　　④　ナトリウム　[　　　]
　　⑤　マグネシウム　[　　　]　　⑥　銅　　　　[　　　]

3 下の図は，いろいろな分子をモデルで表したものである。あとの問い
に答えなさい。

A
酸素分子

B
水素分子

C
水分子

D
二酸化炭素分子

（1）**A**〜**D**をそれぞれ化学式で表しなさい。（5点×4）
　　A[　　　]　　**B**[　　　]　　**C**[　　　]　　**D**[　　　]

（2）**A**〜**D**を単体と化合物に分けなさい。（10点×2）
　　　　　単体[　　　　　]　　　化合物[　　　　　]

1
炭酸水素ナトリウムの熱分
解の実験。
（2）（3）炭酸水素ナトリウ
ム→炭酸ナトリウム＋二酸
化炭素＋水

2
（1）たとえば，酸素原子
は2個が結びついて分子に
なって，はじめて酸素の性
質を示す。
（2）元素記号は，アルファ
ベットの大文字1文字か，
大文字と小文字の2文字で
表す。

3
（1）分子をつくる原子を
元素記号で表し，原子の個
数を元素記号の右下に書
く。原子が1個の場合は数
字を省略する。
（2）化学式を見ると，単
体か化合物かがすぐにわか
る。

別冊解答 P.1

テスト 3日前 から確認!

得点 ／100点

1 右の図のような装置で，炭酸水素ナトリウムを加熱した。次の問いに答えなさい。

(1) 加熱するとき，試験管**A**の口を少し下げておくのはなぜか。(5点)

(2) ガスバーナーの火を消す前にすることを，簡単に説明しなさい。(5点)

(3) 試験管**A**の口の部分にたまった液体に青色の塩化コバルト紙をつけると，何色になるか。(3点)

(4) 気体を集めた試験管**B**に石灰水を加えてよくふると，どのような変化が見られるか。(3点)

(5) 水にとかしたとき，炭酸水素ナトリウムと試験管**A**に残った物質のどちらが強いアルカリ性を示すか。(3点)

(6) 下の式は，炭酸水素ナトリウムの熱分解のようすを表したものである。①〜③にあてはまる物質の名称を答えなさい。(3点×3)

炭酸水素ナトリウム ⟶ ① （固体） ＋ ② （気体） ＋ ③ （液体）

(1)	
(2)	
(3)	(4)	(5)
(6) ①	②	③

2 右の図のような装置で，酸化銀を加熱した。次の問いに答えなさい。

(1) 右の図のようにして酸化銀を加熱すると，酸化銀は何色から何色に変わるか。(3点)

(2) 気体を集めた試験管**B**に火のついた線香を入れると，どのような変化が見られるか。(3点)

(3) 右の図のような気体の集め方を何というか。(3点)

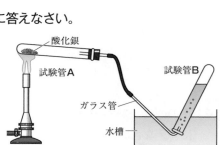

(4) 下の式は，酸化銀の熱分解のようすを表したものである。①，②にあてはまる物質の名称を答えなさい。(3点×2)

酸化銀 ⟶ ① （気体） ＋ ② （固体）

(1)		(2)	
(3)		(4) ①	②

3 右の図のような装置を使って，水酸化ナトリウムをとかした水に電流を流した。次の問いに答えなさい。

気体A ── 気体B ── 水酸化ナトリウムをとかした水

電極a 電極b 電源装置 −＋

文章記述 (1) 水酸化ナトリウムを水にとかすのはなぜか。(5点)

(2) 電極a，bはそれぞれ何極か。(3点×2)

(3) 発生した気体A，Bを確認する方法として適切なものを，次のア〜エから1つずつ選び，記号で答えなさい。(3点×2)

　ア　マッチの火を近づける。

　イ　火のついた線香を入れる。

　ウ　水にぬらした赤色リトマス紙を近づける。

　エ　石灰水を加える。

(4) 気体A，Bの化学式をそれぞれ答えなさい。(3点×2)

(5) 発生した気体の体積は，どのような割合になるか。次のア〜エから1つ選び，記号で答えなさい。(4点)

　ア　A：B＝1：1　　イ　A：B＝1：2　　ウ　A：B＝2：1　　エ　A：B＝2：3

(1)						
(2)	a		b		(3) A	B
(4)	A		B		(5)	

4 右の図で，○は水素原子，◎は酸素原子，●は炭素原子を表している。次の問いに答えなさい。

a ○○　　 b ◎◎

 c ○◎○　　 d ◎●◎

(1) a〜dが表す物質の化学式をそれぞれ答えなさい。(3点×4)

(2) 次の①〜④にあてはまる物質を，a〜dから1つずつ選び，記号で答えなさい。(3点×4)

　①　石灰石にうすい塩酸を加えたときに発生する。

　②　マグネシウムリボンにうすい塩酸を加えたときに発生する。

　③　二酸化マンガンにオキシドール(うすい過酸化水素水)を加えたときに発生する。

　④　融点が0℃，沸点が100℃の物質。

(3) a〜dのうち，単体をすべて選び，記号で答えなさい。(3点)

(4) 次のア〜オの物質のうち，分子をつくらないものをすべて選び，記号で答えなさい。(3点)

　ア　アルミニウム　　イ　アンモニア　　ウ　塩化ナトリウム

　エ　マグネシウム　　オ　窒素

(1)	a		b		c		d	
(2)	①		②		③		④	
(3)			(4)					

2 物質の結びつき，化学反応式

STEP 1 要点チェック

テスト
1週間前
から確認!

1 物質どうしが結びつく化学変化

2種類以上の物質が化学変化によって結びつくと，**化合物**ができる。このときできた化合物は，反応前の物質とは性質の異なる別の物質になる。

例 **水素と酸素が結びつく反応**…水素＋酸素→水

例 **鉄と硫黄が結びつく反応**…鉄＋硫黄→硫化鉄

鉄粉と硫黄の粉末を試験管に入れ，右図のように加熱する。

脱脂綿

鉄と硫黄の
混合物

	磁石を近づける	うすい塩酸を加える
加熱前	磁石につく	においのない気体が発生➡水素
加熱後	磁石につきにくい	腐った卵のようなにおいのある気体が発生➡硫化水素

ポイント 加熱の方法…混合物の上部を加熱し，赤くなったら加熱をやめる。

2 化学反応式

① **化学反応式**：化学変化を，化学式を組み合わせて表したもの。

② 化学反応式の表し方 **おぼえる!**

例 **水の電気分解**

[1] 矢印の左側に反応前の物質，右側に反応後の物質を書く。

水 → 水素 ＋ 酸素

[2] それぞれの物質を化学式で表す。

H_2O → H_2 ＋ O_2

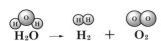

H_2O → H_2 ＋ O_2

[3] 矢印の左側と右側で，原子の種類と数を等しくする。

$2H_2O$ → $2H_2$ ＋ O_2

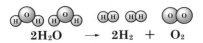

$2H_2O$ → $2H_2$ ＋ O_2

テストの 要点 を書いて確認

別冊解答 P.2

◯◯ にあてはまることばや化学式を書こう。

● 化学反応式

炭酸水素ナトリウムの熱分解

文字の式：炭酸水素ナトリウム ⟶ 炭酸ナトリウム＋ ① □ （気体）＋ ② □ （液体）

化学反応式：$2NaHCO_3$ ⟶ Na_2CO_3＋ ③ □ ＋ ④ □

鉄と硫黄が結びつく反応

文字の式：鉄＋硫黄 ⟶ ⑤ □ 　化学反応式： ⑥ □ ＋ ⑦ □ ⟶ ⑧ □

1 気体aと気体bを2：1の体積の割合で混ぜ合わせ，青色の塩化コバルト紙の入ったポリエチレンの袋に入れた。点火装置を使って点火したところ，青色の塩化コバルト紙が桃（赤）色になった。次の問いに答えなさい。

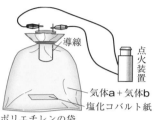

導線／点火装置／気体a＋気体b／塩化コバルト紙／ポリエチレンの袋

（1）点火後のポリエチレンの袋のようすを簡単に説明しなさい。（15点）

[　　　　　　　]

（2）このとき生じた物質は何か。（10点）

[　　　]

（3）気体a，bはそれぞれ何か。物質名で答えなさい。（10点×2）

a[　　　]　b[　　　]

1
（2）青色の塩化コバルト紙が桃（赤）色になったことから考える。

2 試験管A，Bに鉄粉7gと硫黄の粉末4gを混ぜたものを半分ずつ入れた。試験管Aはそのままにして，試験管Bはガスバーナーで加熱した。次の問いに答えなさい。

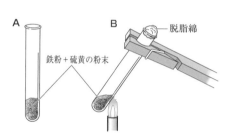

A／B／脱脂綿／鉄粉＋硫黄の粉末

（1）試験管Bが十分に冷えてから，2本の試験管それぞれに磁石を近づけるとどうなるか。次のア〜エから適切なものを1つ選び，記号で答えなさい。（15点）

[　　　]

棒磁石

ア　Aは引きつけられるが，Bは引きつけられない。
イ　Bは引きつけられるが，Aは引きつけられない。
ウ　AもBも引きつけられる。
エ　AもBも引きつけられない。

（2）加熱した試験管Bで生じた物質の名称を答えなさい。（15点）

[　　　　　　]

2
（1）磁石につくのは，鉄の性質である。
（2）硫黄の化合物は「硫化〜」という名称のものが多い。

3 水の電気分解を表した化学反応式として正しいものを，次のア〜エから1つ選び，記号で答えなさい。（25点）

[　　　]

ア　$H_2O \longrightarrow H_2 + O$　イ　$H_2O \longrightarrow H_2 + O_2$
ウ　$2H_2O \longrightarrow H_2 + O_2$　エ　$2H_2O \longrightarrow 2H_2 + O_2$

3
矢印の左側と右側で，原子の種類と数が等しくなっているものをさがす。

1 鉄粉と硫黄の粉末の混合物を加熱したときの変化を調べるために，次のような実験を行った。
あとの問いに答えなさい。

＜実験＞

1　鉄粉7.0gと硫黄の粉末4.0gをよく混ぜ
合わせ，2本のアルミニウムはくの筒
A，Bにかたくつめた。

2　Aの筒の一端を加熱し，赤くなったら
砂皿の上に置き，そのままようすを観
察した。Bの筒は加熱しないでそのま
ま置いておいた。

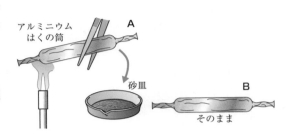

3　AとBの筒に磁石を近づけてそのようすを比べた。

4　AとBを少量ずつとって，うすい塩酸をそれぞれ加えてそのようすを比べた。

(1) A，Bに磁石を近づけたときのようすをそれぞれ答えなさい。(5点×2)

(2) A，Bにうすい塩酸を加えたときに発生する気体の性質を，次のア〜ウから1つずつ選び，
記号で答えなさい。(5点×2)

ア　においがない。

イ　鼻をさすようなにおいがある。

ウ　腐った卵のようなにおいがある。

(3) この実験でAの筒の中で起こった化学変化を化学反応式で表しなさい。(10点)

(1)	A			B	
(2)	A		B	(3)	

2 右の図のように，よくみがいた銅板の上に水をかけ，硫黄の粉末
をまいて「A」という文字を書き，数日間置いておいた。その後，
硫黄の粉末をとり除いたところ，銅板の上に「A」という文字がで
きていた。次の問いに答えなさい。

(1) 銅板の上にできた「A」という文字は何色をしているか。(5点)

(2) (1)の文字をつくる物質の名称を答えなさい。(5点)

文章記述 (3) 硫黄の粉末を置いたところだけ色が変わった理由を，簡単に説明しなさい。(15点)

(1)		(2)	
(3)			

3 右の図のように，青色の塩化コバルト紙を入れたポチエチレンの袋に，水素と酸素を入れ，点火装置で点火したところ，音を立てて反応し，袋がしぼんだ。塩化コバルト紙は桃（赤）色に変化しているのがわかった。次の問いに答えなさい。

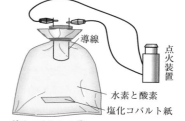

導線
点火装置
水素と酸素
塩化コバルト紙
ポリエチレンの袋

(1) ポリエチレンの袋の中に生じた物質の化学式を書きなさい。(5点)

(2) この実験で起こった化学変化のようすをモデルで表すことにした。次のア～オから適切なものを1つ選び，記号で答えなさい。ただし，○は水素原子，●は酸素原子を表すものとする。(10点)

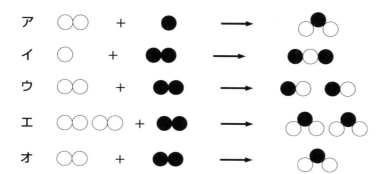

(3) (2)の化学変化を化学反応式で表しなさい。(10点)

(1)		(2)		(3)	

難 4 次の化学反応式は，水の電気分解を表したものである。あとの問いに答えなさい。

$$2H_2O \longrightarrow 2H_2 + O_2$$

(1) 次のア～エは，上の化学反応式からわかることを表したものである。まちがっているものを1つ選び，記号で答えなさい。(5点)

ア 酸素分子は，酸素原子2個が結びついたものである。

イ 水分子は，水素原子4個と酸素原子2個が結びついたものである。

ウ 水素原子4個と酸素原子2個がこの反応に関係している。

エ 水分子2個から水素分子2個と酸素分子1個ができた。

(作図) (2) 下の図は，この化学反応式をモデルで表したものである。反応前のモデルを参考にして，反応後の物質のようすをモデルで表しなさい。(15点)

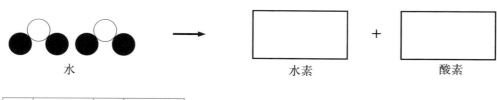

水　　　　　　　　　　　水素　　　　　　酸素

(1)		(2)	図にかく。

3 酸素が関係する化学変化

STEP 1 要点チェック

テスト1週間前から確認!

1 酸化（さんか）

① 酸化：物質が酸素と結びつくこと。酸化によってできる物質を酸化物（さんかぶつ）という。
　燃焼（ねんしょう）：物質が熱や光を出しながら激しく酸化すること。

② 金属の燃焼と酸化

● 銅の酸化…銅の粉末（ふんまつ）を加熱すると，空気中の酸素によって酸化され酸化銅ができる。

　　化学反応式　$2Cu + O_2 \rightarrow 2CuO$

▼銅の酸化

加熱前　　　　加熱後

③ 有機物の燃焼：有機物には炭素や水素がふくまれているので，燃焼すると二酸化炭素と水を生じる。

● 炭素の燃焼

炭素　　　　酸素　　　　二酸化炭素
C　＋　O_2　→　CO_2

● 水素の燃焼

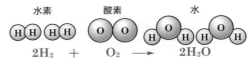

水素　　　　酸素　　　　水
$2H_2$　＋　O_2　→　$2H_2O$

2 還元（かんげん）

① 還元：酸化物が酸素をうばわれる化学変化。

● 酸化銅の還元

> ポイント
> ・火を消す前にガラス管を石灰水から抜く。
> ・加熱後，ピンチコックでゴム管を止め，加熱後の物質が空気とふれるのを防ぐ。

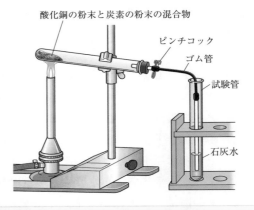

酸化銅の粉末と炭素の粉末の混合物
ピンチコック
ゴム管
試験管
石灰水

● 酸化と還元…化学変化の中で，還元は酸化と同時に起こる。

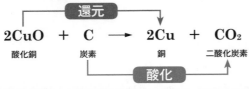

　　　　　　　　　　還元
$2CuO$　＋　C　→　$2Cu$　＋　CO_2
酸化銅　　　炭素　　　　銅　　　二酸化炭素
　　　　　　　　　　酸化

テストの 要点 を書いて確認

別冊解答 P.3

　　　　　にあてはまることばや化学式を書こう。

● 銅の酸化

加熱前：① ［　　］色 →加熱後：② ［　　］色

化学反応式：③ ［　　］＋O_2 → ④ ［　　］

● 酸化銅と炭素の化学変化

還元された物質	⑤
酸化された物質	⑥

STEP
2
基本問題

テスト
5日前
から確認!

別冊解答 P.3

得点

／100点

第1章
3
酸素が関係する化学変化

1 右の図のように，酸素の入った集気び
んの中でスチールウールを加熱した。
次の問いに答えなさい。

ピンセット
集気びん
酸素
スチール
ウール
砂

(1) 右の図のように，熱と光を出しなが
ら激しく酸化することを何というか。
(5点) [　　　　　]

(2) 加熱後の物質は電流を通すか。(10点)
[　　　　　　　　　　　　]

(3) 加熱後の物質は何か。(10点)
[　　　　　　　　]

1
(1) 酸化とは物質が酸素
と結びつく化学変化のこ
と。
(2) 電流を通すのは金属
の性質。
(3) 金属が酸化した物質
の名称は「酸化＋金属の名
称」となる。

2 右の図のように，エタノールに火をつけて，か
わいた集気びんの中で燃やすと，集気びんの内
側がくもった。次の問いに答えなさい。

燃焼さじ
集気
びん

(1) 集気びんの内側がくもったことから，何がで
きたことがわかるか。(10点) [　　　　　]

(2) (1)から，エタノールにふくまれる元素は何
であるとわかるか。(10点) [　　　　　]

(3) エタノールが燃えたあと，燃焼さじをとり出し，集気びんに石灰水
を加えてよくふると，石灰水はどうなるか。(10点)
[　　　　　　　　　　　　　　　]

(4) (3)からエタノールにふくまれる元素は何か。
(10点) [　　　　　]

2
(1) 集気びんの内側は細
かい水滴によって白くくも
る。
(2) 水素＋酸素→水
(4) 炭素＋酸素→二酸化
炭素

3 酸化銅の粉末と炭素の粉末をよ
く混ぜ，右の図のような装置で
加熱すると，石灰水が白くにごっ
た。次の問いに答えなさい。

酸化銅の粉末と炭素の粉末の混合物

石灰水

(1) 石灰水が白くにごったことから
何が発生したことがわかるか。
(10点) [　　　　　]

(2) 十分に加熱したあと，試験管の中に赤色の物質が残った。この物質
は何か。(10点) [　　　　　]

(3) 酸化物から酸素がうばわれる化学変化を何というか。(5点)
[　　　　　]

(4) この実験で起こった化学変化を化学反応式で答えなさい。(10点)
[　　　　　　　　　　　]

3
(2) 酸化銅は黒色をして
いる。
(3) この実験では，酸化
銅から酸素がうばわれてい
る。
(4) 酸化銅は CuO，炭素
は C，銅は Cu，二酸化炭
素は CO_2。

STEP
3
得点アップ問題

テスト
3日前
から確認!

別冊解答 P.3

得点

／100点

 1 右の図のように，銅粉をステンレス皿に入れ，よくかき混ぜな
がらガスバーナーで十分に加熱すると，黒色の物質に変化した。
次の問いに答えなさい。

銅粉

文章記述 (1) 銅粉をよくかき混ぜるのはなぜか。簡単に説明しなさい。

(10点)

(2) 黒色の物質は何か。名称を答えなさい。(3点)

(3) (2)のように，酸化によって生じた物質を何というか。(3点)

(4) 下の図は，このときの化学変化をモデルで表したものである。○と●はそれぞれ何を表し
ているか。(4点×2)

(5) この実験で起こった化学変化を化学反応式で表しなさい。(5点)

(1)					
(2)		(3)		(4) ○	●
(5)					

2 エタノールの燃焼で発生する気体を調べるため，次のような実験を行った。あとの問いに答え
なさい。

<実験>

1 図1のように，ろうとの内側に石灰水をつけ，
アルコールランプの炎にかざしてみる。

2 図2のように，かわいたビーカーをアルコー
ルランプの炎にかざしてみる。

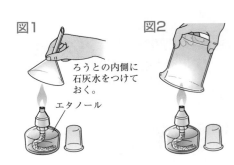
図1　図2
ろうとの内側に
石灰水をつけて
おく。
エタノール

(1) ろうとの内側の石灰水にはどのような変化が見ら
れるか。(5点)

(2) (1)から，何が生じたことがわかるか。(4点)

(3) 炎にかざしたビーカーにはどのような変化が見られるか。(5点)

(4) (3)のようになるのは，何が生じたためか。(4点)

(5) この実験から，エタノールにはどのような元素がふくまれていることがわかるか。元素記
号を2つ答えなさい。(5点)

(1)		(2)	
(3)		(4)	(5)

3 次の文の（　）にあてはまることばをそれぞれ答えなさい。

(1) 鉄くぎは，空気中に長い時間放置しておくとさびてくる。これは，空気中の（　①　）とゆっくりと結びついて（　②　）という物質に変化するからである。(3点×2)

(2) 空気中に放置しておくと生じる金属のさびの多くは，金属が（　③　）されてできたものである。(3点)

(3) さびが生じるとき，燃焼とはちがって光は出ず（　④　）もわずかしか生じないので，気がつかないうちに反応が進むことが多い。(3点)

①		②		③		④	

4 右の図のような装置で，酸化銅の粉末と炭素の粉末の混合物を加熱した。このときの反応は，下のようなモデルで表すことができる。あとの問いに答えなさい。ただし，銅原子を◎，酸素原子を○，炭素原子を●で表している。

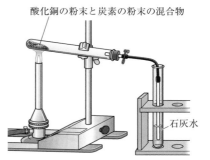
酸化銅の粉末と炭素の粉末の混合物

石灰水

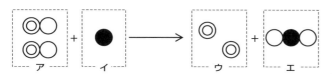

(1) 石灰水は，何を調べるために用いるか。(4点)

(2) ア，エのモデルを化学式を使って表しなさい。(3点×2)

(3) 次の①，②の化学変化をそれぞれ何というか。(4点×2)

　① アのモデルがウのモデルのように変わる化学変化。

　② イのモデルがエのモデルのように変わる化学変化。

(4) この実験で起こった酸化銅と炭素の化学変化を，化学反応式で表しなさい。(5点)

(1)		(2)	ア		エ	
(3)	①		②		(4)	

難 5 右の図のように，ガラス管の中に水素を送りこみながら酸化銅を加熱したところ，酸化銅はすべて反応して色が変わった。次の問いに答えなさい。

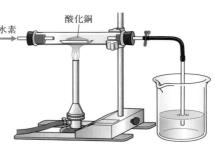
水素
酸化銅

(1) 酸化銅を加熱すると，何色から何色に変わったか。(4点)

(2) 水素は化学変化によって何に変わったか。(4点)

作図 (3) 銅原子を◎，酸素原子を○，水素原子を①で表したとき，このときの反応はどのように表されるか。(5点)

(1)		(2)	
(3)			

4 化学変化と物質の質量

STEP 1 要点チェック

テスト
1週間前
から確認!

1 質量保存の法則

① 質量保存の法則：化学変化の前後で物質全体の質量は変わらないこと。おぼえる!

例 硫酸と水酸化バリウム水溶液の反応

硫酸 ＋ 水酸化バリウム → 硫酸バリウム ＋ 水
　　　　　　　　　　　　└水にとけずに沈殿する。
$H_2SO_4 + Ba(OH)_2 → BaSO_4 + 2H_2O$

・白い沈殿が生じる。

・化学反応の前後で，質量は変化しない。

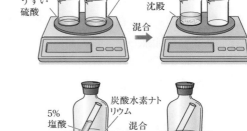

うすい水酸化バリウム
水溶液

うすい
硫酸

沈殿

混合

例 炭酸水素ナトリウムと塩酸の反応

炭酸水素ナトリウム ＋ 塩酸

　　→ 塩化ナトリウム ＋ 二酸化炭素 ＋ 水

$NaHCO_3 + HCl → NaCl + CO_2 + H_2O$

・気体が発生する。

・化学変化の前後で，質量は変化しないが，ふたをあけると全体の質量が減る。
　　　　　　　　　　　　　　　　　　└二酸化炭素が容器の外に出ていく。

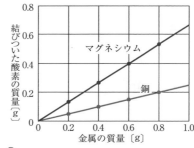

5%
塩酸

炭酸水素ナト
リウム

混合

2 化学変化と物質の質量の割合

① 金属を加熱したときの酸化物の質量：結びついた酸素の分だけ質量が増加する。

ポイント 結びついた酸素の質量＝酸化物の質量－金属の質量

② 化学変化に関係する物質の質量の比：つねに一定になる。

● 銅の酸化

銅＋酸素→酸化銅　　$2Cu + O_2 → 2CuO$

銅と結びついた酸素の質量の比　　銅：酸素＝4：1

● マグネシウムの酸化

マグネシウム＋酸素→酸化マグネシウム　　$2Mg + O_2 → 2MgO$

マグネシウムと結びついた酸素の質量の比　　マグネシウム：酸素＝3：2

縦軸：結びついた酸素の質量〔g〕（0〜0.8）
横軸：金属の質量〔g〕（0〜1.0）
マグネシウム
銅

テストの 要点 を書いて確認

別冊解答 P.4

　　　　にあてはまる記号や数値を書こう。

● 質量保存の法則

　化学変化前の物質全体の質量

　① 　　化学変化後の物質全体の質量

　結びついた酸素の質量

　＝酸化物の質量 ② 　もとの金属の質量

● 金属の質量と結びつく酸素の質量

　銅の質量：結びつく酸素の質量

　＝ ③

　マグネシウムの質量：結びつく酸素の質量

　＝ ④

STEP
2
基本問題

テスト
5日前
から確認!

別冊解答 P.4

得点
／100点

第1章
4
化学変化と物質の質量

1 右の図のように，うすい硫酸とうすい水酸化バリウム水溶液を入れたビーカーの質量をはかったところ，160.00gであった。次の問いに答えなさい。

うすい硫酸
うすい水酸化バリウム水溶液

(1) 2つの水溶液を混ぜ合わせると，どのような変化が見られたか。次のア〜エから1つ選び，記号で答えなさい。(10点) [　　]
ア　黒い沈殿が生じた。　　イ　白い沈殿が生じた。
ウ　気体が発生した。　　エ　溶液が青色に変わった。

(2) うすい硫酸とうすい水酸化バリウム水溶液の混合後，全体の質量は何gになるか。(10点) [　　]

1
(1) うすい硫酸とうすい水酸化バリウム水溶液を混ぜ合わせると，硫酸バリウムという白色の物質が生じる。
(2) 質量保存の法則が成り立つ。

2 右の図のように，プラスチックの容器に炭酸水素ナトリウムとうすい塩酸の入った試験管を入れてふたをしめ，全体の質量をはかった。その後，容器をかたむけて気体を発生させてから再び全体の質量をはかった。次の問いに答えなさい。

うすい塩酸
炭酸水素ナトリウム

(1) この実験で全体の質量はどのようになったか。次のア〜ウから1つ選び，記号で答えなさい。(10点) [　　]
ア　反応前のほうが大きい。　　イ　反応後のほうが大きい。
ウ　反応の前後で質量は変化しない。

(2) 容器のふたをあけると，全体の質量はどのようになるか。(10点)
[　　　　　　　　　　]

2
(2) ふたをあけると，発生した気体は容器の外に出ていってしまう。

3 右の図は，空気中で銅の粉末を加熱したとき，銅の質量と生じた酸化銅の質量の関係を表したものである。次の問いに答えなさい。

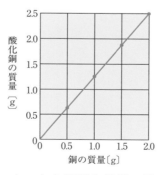

酸化銅の質量〔g〕／銅の質量〔g〕

(1) 2.0gの銅を加熱すると，何gの酸化銅が生じるか。(20点) [　　]

(2) (1)のとき，銅と結びついた酸素の質量は何gか。(20点) [　　]

(3) 銅の質量と結びついた酸素の質量の比を，もっとも簡単な整数の比で答えなさい。(20点)
[　　　　　　　　　　]

3
(1) グラフから読みとる。
(2) 結びついた酸素の質量＝酸化銅の質量－銅の質量

得点アップ問題

1 次のような気体が発生する実験について，あとの問いに答えなさい。

＜実験＞

1　500mL用のペットボトルの中に，石灰石とうすい塩酸の入った
試験管を入れた。ふたをしっかりしめてから全体の質量をはかっ
たところ，a〔g〕であった。

うすい塩酸

石灰石

2　ペットボトルをかたむけて，うすい塩酸と石灰石を混ぜ合わせる
と気体が発生した。その後，再び全体の質量をはかったところ，b〔g〕であった。

3　ペットボトルのふたをあけたところ，シュッと音がした。ふたをもう一度しめてから
全体の質量をはかったところ，c〔g〕であった。

(1) この実験で発生した気体の化学式を書きなさい。（5点）

(2) 質量$a \sim c$の関係を正しく表したものを，次のア〜キから選び，記号で答えなさい。（5点）

　　ア　$a = b = c$　　　　イ　$a > b > c$　　　ウ　$a = b > c$　　　　エ　$a = b < c$

　　オ　$a < b = c$　　　　カ　$a > b = c$　　　キ　$a < b < c$

(3) (2)のように考えた理由を，「質量保存の法則」ということばを使って説明しなさい。（10点）

(1)		(2)	
(3)			

2 質量保存の法則を調べるため，次のような実験を行った。あとの問いに答えなさい。

＜実験＞

ピンチコック

1　酸素で満たした丸底フラスコに銅粉1.20gを入れ，全体の質
量を測定した。

2　右の図のように，ピンチコックを閉じた状態でしばらく加熱
したあと，再び全体の質量を測定したところ，<u>質量は加熱前
と変化していなかった</u>。

酸素

丸底フラスコ

銅粉

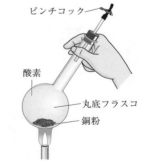

(1) 加熱後のフラスコ内の粉末の質量は1.25gであった。このとき，
銅と結びついた酸素の質量は何gか。（5点）

(2) 下線部のようになる理由を「原子」ということばを使って答えなさい。（10点）

(3) この実験のあと，ピンチコックを開いた。このとき，容器全体の質量はどのようになるか。
次のア〜ウから1つ選び，記号で答えなさい。（3点）

　　ア　大きくなる。　　　イ　小さくなる。　　　ウ　変わらない。

(1)			
(2)		(3)	

3 マグネシウムの粉末を使った次の実験について，あとの問いに答えなさい。

＜実験＞

1 マグネシウムの粉末0.6gをステンレス皿にうすく広げ，全体の質量をはかった。

2 ステンレス皿を一定時間加熱すると，マグネシウムが熱や光を出して燃えた。

3 ステンレス皿が冷えてから，全体の質量をはかった。その後，全体の質量が変わらなくなるまで，加熱をくり返した。

4 マグネシウムの粉末の質量を変えて，同じ操作をくり返した。

マグネシウムの質量〔g〕	0.6	0.9	1.2	1.5	1.8
加熱後にできた物質の質量〔g〕	1.0	1.5	2.0	2.5	3.0

(1) 下線部のような操作を行う理由を簡単に説明しなさい。(10点)

(2) このときの化学変化は，下のようなモデルで表すことができる。これを化学反応式で表しなさい。(3点)

(3) マグネシウム原子が10個，酸素分子が12個ある。完全に酸化すると残る酸素分子は何個か。(4点)

(4) 表をもとに，マグネシウムの質量と結びついた酸素の質量との関係を，右のグラフに表しなさい。(10点)

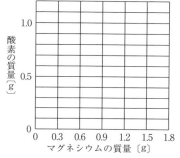

(5) マグネシウムと結びついた酸素の質量の比をもっとも簡単な整数の比で表しなさい。(5点)

4 右の図は，銅やマグネシウムの質量と結びついた酸素の質量の関係を表したものである。次の問いに答えなさい。

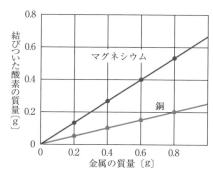

(1) 銅0.8gから何gの酸化銅が生じるか。(5点)

(2) 銅の質量と結びついた酸素の質量の比をもっとも簡単な整数の比で表しなさい。(5点)

(3) 酸素0.8gと結びつく銅とマグネシウムの質量をそれぞれ求めなさい。(5点×2)

(4) マグネシウム原子1個と銅原子1個の質量の比をもっとも簡単な整数の比で求めなさい。(10点)

(1)		(2)			
(3)	銅		マグネシウム		(4)

5 化学変化と熱の出入り

STEP 1 要点チェック

テスト1週間前から確認!

1 熱を発生する化学変化 おぼえる!

① **発熱反応**：熱を発生する化学変化。発生した熱によってまわりの温度が上がる。

発熱反応… 物質A +…… → 物質B +…… 熱

② **燃焼**：有機物などの燃焼によって温度が上がる。

有機物 + 酸素 —燃焼→ 二酸化炭素 + 水 + 熱 光

③ **化学かいろ**：鉄が空気中の酸素と結びつくときに発生する熱を利用。

鉄 + 酸素 → 酸化鉄 + 熱

カイロ　鉄粉　食塩水　活性炭

2 熱を吸収する化学変化

① **吸熱反応**：熱を吸収する化学変化。まわりから熱をうばうので，まわりの温度が下がる。

吸熱反応… 物質C +…… → 物質D +…… 熱

② **アンモニアの発生**：塩化アンモニウムと水酸化バリウムを混ぜ合わせる。

塩化アンモニウム＋水酸化バリウム＋ 熱

→ 塩化バリウム＋アンモニア＋水

発生したアンモニアを水に吸収させるため，ぬれたろ紙をかぶせる。

温度計　ガラス棒　塩化アンモニウム　水酸化バリウム

③ **簡易冷却パック**：炭酸水素ナトリウムとクエン酸を混ぜ合わせたものに，水を加える。

テストの要点を書いて確認

別冊解答 P.5

にあてはまることばを書こう。

● 化学かいろのしくみ

①　②

鉄粉

鉄の ③ によって，熱が発生する。

● 発熱反応と吸熱反応

化学変化の名称	化学変化の特徴
④	熱を発生する化学変化
⑤	熱を吸収する化学変化

● 塩化アンモニウムと水酸化バリウムを混ぜると，

⑥ が発生する。熱の出入りからみると，この化学変化は ⑦ 反応。

STEP 2 基本問題

得点 ／100点

第1章 5 化学変化と熱の出入り

1 化学かいろのしくみを調べるため，右の図のように，鉄粉と物質Bの混合物に液体Aを加えた。次の問いに答えなさい。

(1) 温度計の示度はどうなるか。次のア～ウから1つ選び，記号で答えなさい。(10点) [　　]
ア　上がる。　　イ　下がる。　　ウ　変化しない。

(2) 液体Aは何の水溶液か。(15点) [　　]

(3) 液体Aはどのようなはたらきをしているか。次のア～ウから1つ選び，記号で答えなさい。(10点) [　　]
ア　鉄の酸化を促進するはたらき。
イ　空気中の酸素を吸着させるはたらき。
ウ　鉄粉と物質Bを混ざりやすくするはたらき。

(4) 物質Bは何か。(15点) [　　]

2 右の図のような容器の中で，塩化アンモニウムと水酸化バリウムを混ぜ合わせた。次の問いに答えなさい。

(1) 温度計の示度はどうなるか。
(10点) [　　]

(2) このとき発生する気体は何か。
(10点) [　　]

(3) ビーカーにぬらしたろ紙をかぶせるのはなぜか。次のア～ウからその理由を1つ選び，記号で答えなさい。(10点) [　　]
ア　まわりの空気が入ってこないようにするため。
イ　発生した気体を水にとかすため。
ウ　ビーカー内に適度なしめりけをあたえるため。

3 次のア～エのうち，吸熱反応を1つ選び，記号で答えなさい。
ア　鉄が硫黄と結びつく。　　(20点) [　　]
イ　塩酸に水酸化ナトリウム水溶液を加える。
ウ　酸化カルシウム（生石灰）を水にとかす。
エ　クエン酸水溶液に炭酸水素ナトリウムを加える。

別冊解答 P.5

1
(1) 熱を発生すると温度が上がり，熱を吸収すると温度が下がる。
(3) この実験では，鉄と空気中の酸素が結びつく。

2
(1) この反応は吸熱反応である。
(3) 有害な気体が発生する。

3
温度が下がる反応を選ぶ。

STEP
3
得点アップ問題

テスト
3日前
から確認!

別冊解答 P.5

得点

／100点

難 1 化学かいろの中にふくまれる物質を調べるため,次の実験を行った。あとの問いに答えなさい。

<実験1>

かいろの中身をとり出し,磁石を近づけたところ,中身の物質は磁石に（ ① ）。

<実験2>

かいろの中身と酸化銅をよく混ぜ,試験管の中に入れ
て加熱したところ,酸化銅は（ ② ）色に変化し,
（ ③ ）が発生し,石灰水が白くにごった。

<実験3>

かいろの中身の物質を薬さじでビーカーにとり出し,
水を加えてよく混ぜてろ過した。ろ液を蒸発皿にとり,
水を蒸発させたところ,（ ④ ）色で立方体の結晶
が得られた。

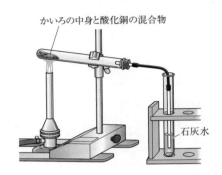

かいろの中身と酸化銅の混合物

石灰水

(1) **<実験1>**の（ ① ）にあてはまることばを書きなさい。(5点)

(2) (1)から,かいろの中身にはどんな物質がふくまれていることがわかるか。次のア〜エか
ら1つ選び,記号で答えなさい。(5点)

ア Cu　　イ Al　　ウ Fe　　エ Mg

(3) **<実験2>**の（ ② ）にあてはまる色を答えなさい。(5点)

(4) **<実験2>**の（ ③ ）にあてはまる気体が発生するものを,次のア〜エから1つ選び,記
号で答えなさい。(5点)

ア　二酸化マンガンにオキシドール（うすい過酸化水素水）を加える。

イ　亜鉛にうすい塩酸を加える。

ウ　塩化アンモニウムと水酸化カルシウムを混ぜたものを加熱する。

エ　石灰石にうすい塩酸を加える。

(5) **<実験3>**の（ ④ ）にあてはまる色を答えなさい。(5点)

(6) **<実験2>**,**<実験3>**の結果から,かいろの中身にはどのような物質がふくまれているこ
とがわかるか。化学式ですべて答えなさい。(10点)

(7) 化学かいろの中で起こる化学変化は,次のア〜エのどれか。あてはまるものを1つ選び,
記号で答えなさい。(5点)

ア　再結晶　　イ　分解　　ウ　酸化　　エ　蒸留

文章 記述 (8) 市販の化学かいろは,開封しないと熱が発生しない。その理由を説明しなさい。(10点)

(1)		(2)		(3)		(4)	
(5)		(6)				(7)	
(8)							

2 右の図のように，水酸化バリウムと塩化アンモニウムを
ビーカーに入れて，かき混ぜたところ，気体が発生した。
次の問いに答えなさい。

温度計 ガラス棒
水酸化バリウム 塩化アンモニウム

 (1) 右の図では，安全に実験することができない。安全に
実験するためにはどのような操作が必要か。簡単に説
明しなさい。(10点)

(2) 発生した気体の性質を，次のア〜エから1つ選び，記号で答えなさい。(5点)

　　ア　石灰水を白くにごらせる。

　　イ　火のついた線香を入れると，線香が炎をあげて燃える。

　　ウ　マッチの火を近づけると，気体が音を立てて燃える。

　　エ　フェノールフタレイン溶液をしみこませたろ紙を入れると，ろ紙が赤色になる。

(3) 発生した気体の化学式を書きなさい。(5点)

(4) この実験では，発熱反応・吸熱反応のどちらが起こるか。(5点)

(5) 次のア〜エのうちで，(4)にあてはまるものを1つ選び，記号で答えなさい。(5点)

　　ア　水酸化ナトリウム水溶液にうすい塩酸を加える。

　　イ　鉄と硫黄の混合物を加熱する。

　　ウ　酸化カルシウム(生石灰)に水を加える。

　　エ　クエン酸水溶液に炭酸水素ナトリウムを加える。

(1)							
(2)		(3)		(4)		(5)	

3 メタン (CH_4) は家庭用の燃料として使われている。メタンが燃えるときのようすは次のように
表される。あとの問いに答えなさい。

　　メタン ＋ 酸素 ⟶ 二酸化炭素 ＋ 水

(1) メタンのように，炭素をふくむ化合物を何というか。(5点)

(2) メタンが燃えるとき，メタンに起こる化学変化としてまちがっているものを，次のア〜エ
からすべて選び，記号で答えなさい。(5点)

　　ア　分解　　イ　燃焼　　ウ　酸化　　エ　還元

(3) メタンが燃えるときのようすを化学反応式で表すとどうなるか。次のア〜エから1つ選び，
記号で答えなさい。(10点)

　　ア　$CH_4 + O_2 \longrightarrow CO_2 + H_2O$

　　イ　$CH_4 + O_2 \longrightarrow CO_2 + 2H_2O$

　　ウ　$CH_4 + 2O_2 \longrightarrow CO_2 + H_2O$

　　エ　$CH_4 + 2O_2 \longrightarrow CO_2 + 2H_2O$

(1)		(2)		(3)	

定期テスト予想問題

別冊解答 P.6

目標時間	得点
45分	／100点

よくでる 1 石灰石とうすい塩酸との反応を調べるために，次のような実験を行った。あとの問いに答えなさい。

＜実験1＞

1 うすい塩酸20cm³をビーカーに入れ，全体の質量を測定した。そのあと，図1のように，石灰石0.5gをこのビーカーに加えたところ，気体が発生した。反応が終わったあと，ビーカー全体の質量を再び測定した。

2 さらに，別のビーカーを用いて，1と同じうすい塩酸20cm³に加える石灰石の質量を変えて，同じように測定した。

図1　石灰石0.5g　うすい塩酸20cm³

＜測定結果＞

加えた石灰石の質量〔g〕	0.5	1.0	1.5	2.0	2.5
石灰石を加える前のビーカー全体の質量〔g〕	76.8	77.4	76.5	75.1	75.6
気体が発生したあとのビーカー全体の質量〔g〕	77.1	78.0	77.4	76.5	77.5

＜実験2＞

1 図2のように石灰石1.0gと＜実験1＞と同じ濃度のうすい塩酸20cm³が入った試験管を，500mLのペットボトルに入れ，ふたをしてから全体の質量を測定すると，63.9gであった。その後，このペットボトルをかたむけてうすい塩酸と石灰石を反応させた。気体が発生しなくなったのを確認したあと，ₐペットボトル全体の質量を測定したところ，63.9gであった。

2 次に，このペットボトルのふたをゆっくりとゆるめた。その後，再びふたをしっかりしめて質量を測定したところ，ᵦ全体の質量は63.6gになった。

図2　うすい塩酸20cm³　石灰石1.0g

作図 (1) ＜実験1＞で，加えた石灰石の質量と発生した気体の質量の関係を，右にグラフで表しなさい。(20点)

(2) ＜実験1＞で，加えた石灰石が2.5gのとき，石灰石はすべて反応しないでいくらか残っている。このとき，残っている石灰石の質量は何gか。(10点)

(3) ＜実験2＞で，下線部**A**のような結果になったことは，何という法則にしたがっているか。(5点)

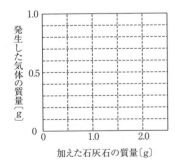

文章記述 (4) ＜実験2＞において，下線部**B**のように，測定した値がわずかに減少した理由を答えなさい。(15点)

(1)	グラフにかく。	(2)		(3)	
(4)					

2 炭酸水素ナトリウムを加熱すると，炭酸ナトリウムができる。この反応について，次の実験1，2を順に行った。あとの問いに答えなさい。

(栃木県)

<実験1>

炭酸水素ナトリウム8.4gをかわいた試験管に入れ，試験管全体の質量を測定すると，33.1gであった。その後，図のように加熱し，発生する気体をビーカー内の①ある溶液に通したところ，溶液が白くにごった。また，試験管の口付近に液体が観察できた。

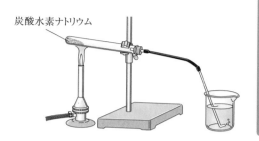

炭酸水素ナトリウム

<実験2>

気体が発生しなくなるまで加熱し続けたところ，試験管には白い固体(炭酸ナトリウム)が残った。その後，十分に冷えてから，試験管の口にたまった液体を②ある試験紙につけたところ，試験紙の色が青色から桃色(赤色)に変化した。また，試験管の口にたまった液体を完全に取り除いてから，試験管全体の質量を測定すると，30.0gであった。

(1) **<実験1>** で用いた①ある溶液と，**<実験2>** で用いた②ある試験紙の名称をそれぞれ書きなさい。(5点×2)

文章記述 (2) 炭酸水素ナトリウムを加熱するとき，試験管が割れるのを防ぐために，図のように試験管の口を少し下げておく必要がある。それはなぜか，簡潔に書きなさい。(15点)

(3) 下の 内の文は，炭酸水素ナトリウムと，加熱によりできた炭酸ナトリウムのちがいを確かめるための方法と結果について述べたものである。a，cにあてはまる語の正しい組み合わせはどれか。右の**ア～エ**から1つ選び，記号で答えなさい。また，bにあてはまる語を書きなさい。(5点×2)

	a	c
ア	とけにくく	濃い
イ	とけにくく	うすい
ウ	とけやすく	濃い
エ	とけやすく	うすい

それぞれの物質を同じ量だけとり，少量の水にとかすと，炭酸ナトリウムのほうが水に（ a ），また，それぞれの水溶液に（ b ）溶液を加えると，炭酸ナトリウム水溶液のほうが，（ c ）赤色になる。

難 (4) この反応において，炭酸ナトリウム10gをつくるためには，炭酸水素ナトリウムが何g必要か。小数第1位を四捨五入して，整数で答えなさい。(15点)

(1)	①		②	
(2)				
(3)	記号		b	
(4)				

1 生物のからだをつくる細胞

STEP 1 要点チェック

テスト
1週間前
から確認!

1 細胞のつくり

① 細胞：生物のからだをつくる最小の単位。

② 細胞のつくり おぼえる!

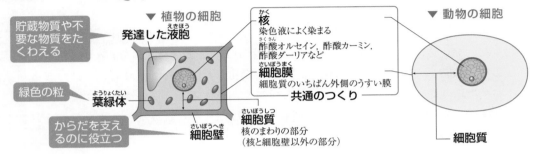

▼ 植物の細胞

貯蔵物質や不要な物質をたくわえる

発達した液胞

緑色の粒

葉緑体

からだを支えるのに役立つ

細胞壁

核
染色液によく染まる
酢酸オルセイン，酢酸カーミン，酢酸ダーリアなど

細胞膜
細胞質のいちばん外側のうすい膜

共通のつくり

細胞質
核のまわりの部分
（核と細胞壁以外の部分）

▼ 動物の細胞

細胞質

2 生物のからだのつくり

① 単細胞生物：からだが1個の細胞からなる生物。

　　　　　　例 ゾウリムシ，アメーバ，ミカヅキモなど。

② 多細胞生物：からだが多くの細胞からなる生物。

③ 多細胞生物のからだの成り立ち

形やはたらきが同じ細胞が集まって組織をつくり，いくつかの組織が集まって特定のはたらきをする器官をつくる。器官が集まって個体ができる。

▼ ゾウリムシ

水を排出する
食物を消化する
小核
大核
毛を動かして泳ぐ
食物をとりこむ
不要物を排出

▼ 植物のからだのつくり（例 バラ）

表皮組織

葉肉組織

組織　　　　　器官　　個体

花
葉
茎
根

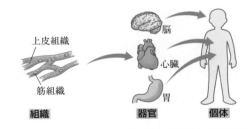

▼ 動物のからだのつくり（例 ヒト）

上皮組織

筋組織

組織　　　　　器官　　個体

脳
心臓
胃

テストの 要点 を書いて確認

別冊解答 P.7

□ にあてはまることばを書こう。

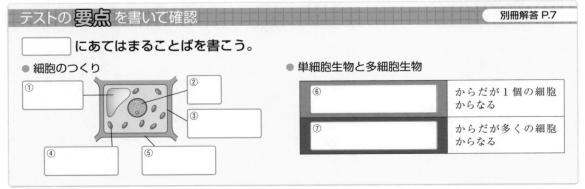

● 細胞のつくり

①
②
③
④
⑤

● 単細胞生物と多細胞生物

⑥	からだが1個の細胞からなる
⑦	からだが多くの細胞からなる

STEP
2
基本問題

テスト
5日前
から確認！

別冊解答 P.7

得点

／100点

第2章
1
生物のからだをつくる細胞

1 下の図は，いろいろな細胞を顕微鏡で観察したスケッチである。あとの問いに答えなさい。

A 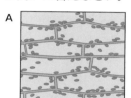 B 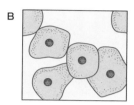 C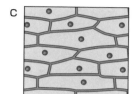

(1) 細胞を観察するときに染色液として用いるものは何か。次のア〜エから1つ選び，記号で答えなさい。(5点)　[　　　　]

ア　酢酸オルセイン　　　イ　フェノールフタレイン溶液
ウ　ＢＴＢ溶液　　　　　エ　ヨウ素液

(2) A〜Cは何の細胞を観察したものか。次のア〜エから1つずつ選び，記号で答えなさい。(5点×3)

A[　　　]　B[　　　]　C[　　　]

ア　オオカナダモの葉　　　イ　ヒトのほおの内側
ウ　ムラサキツユクサのおしべ　　エ　タマネギの表皮

1
(2) Aの細胞に見られる緑色の粒は，葉緑体である。BとCの細胞は，細胞質のまわりのようすがちがう。

2 下の図は，植物の細胞を模式的に表したものである。次の問いに答えなさい。

(1) a〜eの部分の名称をそれぞれ答えなさい。(10点×5)

a[　　　　　　]
b[　　　　　　]
c[　　　　　　]
d[　　　　　　]
e[　　　　　　]

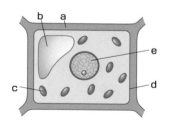

(2) a〜eのうち，動物の細胞には見られないものはどれか。すべて選び，記号で答えなさい。(10点)　[　　　　　]

2
(2) 核や細胞膜は，植物の細胞にも動物の細胞にも見られる。

3 下のア〜オの生物を，単細胞生物と多細胞生物に分け，記号で答えなさい。(10点×2)

単細胞生物[　　　　]　　多細胞生物[　　　　]

ア　ゾウリムシ　　イ　ミジンコ　　ウ　アメーバ
エ　ミドリムシ　　オ　オオカナダモ

3
ミジンコは，エビやカニのなかまである。

得点アップ問題

別冊解答 P.7

テスト **3日前** から確認!

得点 ／100点

1 オオカナダモの葉の細胞，ヒトのほおの内側の細胞，タマネギの表皮の細胞を，顕微鏡で観察した。次の問いに答えなさい。

(1) 細胞のプレパラートをつくるときに使う染色液の名称を1つ答えなさい。(5点)

(2) (1)の染色液で染色されるのは，細胞のどの部分か。次の**ア〜カ**から1つ選び，記号で答えなさい。(3点)

  ア 細胞質　**イ** 細胞膜　**ウ** 核　**エ** 細胞壁　**オ** 液胞　**カ** 葉緑体

(3) タマネギの表皮の細胞の写真は，右の**ア〜ウ**のどれか。(3点)

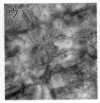

文章記述 (4) (3)で答えた理由を簡単に説明しなさい。(5点)

(5) 生物のからだをつくる細胞について適切なものを，次の**ア〜エ**から1つ選び，記号で答えなさい。(3点)

  ア 同じ生物の細胞は，すべて形や大きさが同じである。

  イ 同じ生物の細胞は，形はすべて同じであるが，大きさはさまざまである。

  ウ 同じ生物の細胞は，形はさまざまであるが，大きさはすべて同じである。

  エ 同じ生物の細胞でも，形や大きさはさまざまである。

(1)		(2)		(3)	
(4)					(5)

2 右の図は，細胞のつくりを模式的に表したものである。次の問いに答えなさい。

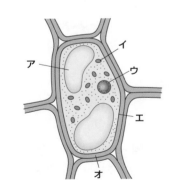

文章記述 (1) 右の図は，植物の細胞・動物の細胞のどちらか。また，答えた理由を説明しなさい。(5点×2)

(2) 植物の細胞にも動物の細胞にも見られるものを，右の**ア〜オ**からすべて選び，記号で答えなさい。(5点)

(3) 次の①〜③の特徴をもつ部分を，右の**ア〜オ**から1つずつ選び，記号で答えなさい。(5点×3)

  ① 酢酸オルセインで赤紫色に染色される。

  ② からだを支えるのに役立っている。

  ③ 貯蔵物質や不要物をたくわえる。

(1)		理由			
(2)		(3) ①		②	③

難 **3** 次のア〜クは，水中で生活している生物である。あとの問いに答えなさい。

ア　ゾウリムシ　　イ　ミジンコ　　　ウ　アオミドロ　　エ　アメーバ
オ　ミカヅキモ　　カ　ミドリムシ　　キ　ツリガネムシ　　ク　オオカナダモ

(1) 細胞内に葉緑体をもつ生物を，上のア〜クからすべて選び，記号で答えなさい。(3点)

(2) からだが1つの細胞からできている生物を，上のア〜クからすべて選び，記号で答えなさい。(3点)

(3) (2)の生物をまとめて何というか。(5点)

文章記述 (4) (3)の生物の細胞の特徴を，「はたらき」ということばを使って簡単に説明しなさい。(10点)

(1)		(2)		(3)	
(4)					

4 下の図は，多細胞生物のからだがどのように成り立っているかを表したものである。あとの問いに答えなさい。

細胞 → 形やはたらきが同じ細胞が集まって → ① → ①が集まって → ② → ②が集まって → ③

(1) ①〜③にあてはまることばをそれぞれ答えなさい。(5点×3)

(2) ①〜③にあてはまるものを，次のア〜コからすべて選び，記号で答えなさい。(5点×3)

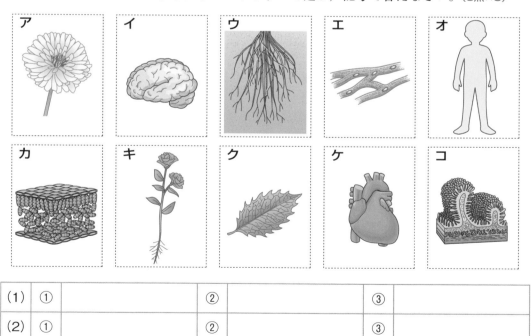

(1)	①		②		③	
(2)	①		②		③	

2 葉のつくり，光合成と呼吸

STEP 1 要点チェック

テスト
1週間前
から確認!

1 葉のつくり おぼえる!

① 葉緑体：細胞の中にある緑色の粒。

② 葉脈：葉にあるすじ。水や栄養分が通る管がたくさん集まっている。

③ 気孔：2つの孔辺細胞の間の小さなすき間。葉の裏側の表皮に多い。

▼ 葉のつくり

▼気孔

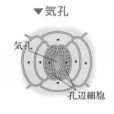

2 光合成

① 光合成：植物の細胞の中にある**葉緑体**が，太陽の光を受けて，水と二酸化炭素からデンプンなどの栄養分をつくるはたらき。このとき**酸素が発生**する。

▼ 光合成のしくみ

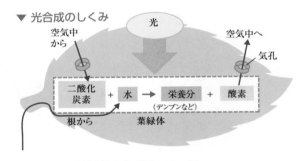

3 呼吸

① 呼吸：植物も呼吸を行っている。酸素をとり入れ，二酸化炭素を出している。

4 光合成と呼吸

① 昼：光合成と呼吸が行われる。呼吸による気体の出入りより光合成による気体の出入りが多いので，全体として二酸化炭素をとり入れ，酸素を出すように見える。

② 夜：呼吸だけが行われる。酸素をとり入れ，二酸化炭素を出している。

▼ 光合成と呼吸

テストの 要点 を書いて確認

別冊解答 P.8

□ にあてはまることばを書こう。

● 光合成のまとめ

①□ のエネルギー

②□ ＋水⇒ ③□ ＋ ④□

気孔からとり入れられる。　葉の葉緑体でつくられる。　気孔から大気中に放出される。

⑤□ は，水にとけやすい物質に変えられて，植物のからだ全体に運ばれる。

STEP 2 基本問題

テスト5日前から確認!

別冊解答 P.8

得点 ／100点

1 右の図は，ツバキの葉の断面を顕微鏡で観察したときのようすを表したものである。次の問いに答えなさい。(10点×3)

(1) 右の図の**a**の細胞を何というか。 [　　　]

(2) 右の図の**b**のすき間を何というか。 [　　　]

(3) 右の図の**b**のすき間が多いのは，ふつう葉の表側と裏側のどちらか。 [　　　]

① 呼吸や光合成でできた二酸化炭素や酸素などは，葉の裏側に多く見られる気孔から出る。

2 植物のはたらきを調べるために，次のような実験を行った。あとの問いに答えなさい。

<実験> 右の図のように，袋A，Bにホウレンソウを入れ，Aはよく光の当たるところに，Bは暗室に数時間置いた。その後，袋の中の空気を石灰水に通すと，Aは変化しなかったが，Bは白くにごった。

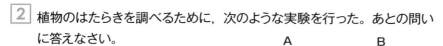
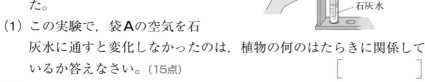

(1) この実験で，袋**A**の空気を石灰水に通すと変化しなかったのは，植物の何のはたらきに関係しているか答えなさい。(15点) [　　　]

(2) この実験で，袋**B**の空気を石灰水に通すと白くにごったのは，植物の何のはたらきに関係しているか答えなさい。(20点) [　　　]

② (1) 植物は，光が当たると光合成を行うため，二酸化炭素が消費され減少する。
(2) 光を当てないと，呼吸しか行われないため，二酸化炭素が放出されて増加する。

3 下の図は，植物の昼と夜の気体の出入りを示している。次の問いに答えなさい。

(1) 昼のようすを表しているのはA，Bのどちらか。(15点) [　　　]

(2) 図の①，②のはたらきを何というか。それぞれ答えなさい。(10点×2)

① [　　　]
② [　　　]

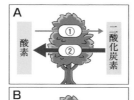
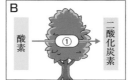

③ (1) 光合成は，光のエネルギーを必要とするので，日光が当たる日中だけ行われる。呼吸は1日中行われる。
(2) 光合成では，二酸化炭素をとり入れ，酸素を放出する。一方，呼吸では，酸素をとり入れ，二酸化炭素を放出する。

STEP
3
得点アップ問題

テスト
3日前
から確認！

別冊解答 P.8

得点

／100点

1 植物のはたらきを調べるために，次のような実験を行った。あとの問いに答えなさい。

<実験Ⅰ>青色のＢＴＢ溶液を試験管Ａ，Ｂに入れ，ストローで息をふきこみ，黄色にした。

<実験Ⅱ>試験管Ａにだけ，オオカナダモを入れた。

<実験Ⅲ>試験管Ａ，Ｂにじゅうぶんな光を当てて，ＢＴＢ溶液の色の変化を調べたところ，ＡのＢＴＢ溶液の色が青色になったが，Ｂは変化しなかった。

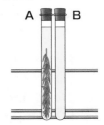

（**文章記述**）(1) 実験ⅢでＢＴＢ溶液の色が変化した理由を簡単に書きなさい。（5点）

(2) 実験後，試験管Ａのオオカナダモの表面には小さな気泡がたくさんついていた。この気泡におもにふくまれる気体は何か。（5点）

(3) (2)の気体は，オオカナダモの葉の何というところから出されたものか。（5点）

(4) (2)の気体は，植物の何というはたらきによって出されたものか。（5点）

(5) オオカナダモを入れない試験管Ｂを用意した実験を何というか。（5点）

（**よくでる**）(6) この実験からわかる，(4)のはたらきに必要な材料は何か。（5点）

(1)		(2)	
(3)		(4)	
(5)		(6)	

2 光合成のしくみを調べるために次のような実験をした。あとの問いに答えなさい。

<実験>

①ふ入りの葉のあるアサガオを一昼夜暗いところに置いてから，右の図のようにふ入りの葉の一部分をアルミニウムはくでおおい，日光の当たる場所に置いた。

②半日後，ふ入りの葉を切りとり，アルミニウムはくをとりのぞいて，熱湯に入れた後，あたためたエタノールに入れた。

③エタノールから葉をとり出し，水洗いしたあと，うすいヨウ素液につけ，葉の色の変化を観察した。

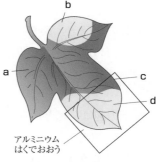

アルミニウムはくでおおう

（**文章記述**）(1) ①で，アサガオを一昼夜暗いところに置いたのはなぜか。簡単に説明しなさい。（5点）

（**文章記述**）(2) ②で，切りとった葉をエタノールに入れたのはなぜか。簡単に説明しなさい。（5点）

(3) この実験で，ヨウ素液によって色が変化したのはどの部分か。ａ～ｄの記号で答えなさい。また，このとき色が変化した部分は何色に変化したか。（3点×2）

(4) (3)で答えた部分には何という物質ができているか。（5点）

(5) この実験で，ａとｃの部分の結果を比較すると，光合成を行うためには何が必要であるこ

とがわかるか。(5点)

(6) この実験で, 光合成を行うためには葉緑体が必要であることを示すためには, どの部分と
どの部分を比較すればよいか。図のa〜dから2つ選び, 記号で答えなさい。(5点)

(1)				
(2)				
(3)	記号	色	(4)	
(5)			(6)	

3 光合成と呼吸のはたらきを調べるため, 植物の葉を使って次
の実験を行った。これについて, あとの問いに答えなさい。

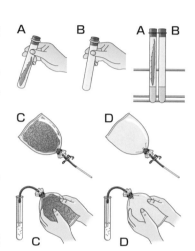

<実験Ⅰ>植物の葉を入れた試験管Aと何も入れていない
試験管Bの中に, 呼気をふきこみ, ゴム栓をして20〜30分
間光を当てた。その後それぞれの試験管に石灰水を入れ,
ゴム栓をしてよくふり, A, Bの石灰水のにごり方を比べた。

<実験Ⅱ>植物の葉を入れたポリエチレンの袋Cと, 何も
入れていない袋Dを, 光の当たらない場所にしばらく置い
た。その後, それぞれの袋の中の気体を石灰水に通して,
石灰水のにごり方を比べたところ, 一方のみ白くにごった。

(1) **実験Ⅰ**で, 石灰水が白くにごったのはA, Bどちらの試験
管か。(5点)

(2) **実験Ⅰ**の結果から, 光合成では「ある気体」をとり入れていることがわかる。「ある気体」
とは何か。(5点)

(3) (2)の「ある気体」のほかに, 光合成の材料としてもう1つ必要な物質がある。それは何か。
(5点)

 (4) 光合成が行われる緑色の部分を何というか。(6点)

(5) **実験Ⅱ**で, 石灰水が白くにごったのはC, Dどちらの袋か。(6点)

(6) **実験Ⅱ**で, 石灰水が白くにごったのは, 植物の何というはたらきが原因か。(6点)

(7) この実験からわかることは何か。次の**ア〜カ**からすべて選び, 記号で答えなさい。(6点)

ア **実験Ⅰ**の試験管**A**では, 呼吸が行われたことがわかる。

イ **実験Ⅰ**の試験管**A**では, 光合成が行われたことがわかる。

ウ **実験Ⅱ**の袋**C**では, 呼吸が行われたことがわかる。

エ **実験Ⅱ**の袋**C**では, 光合成が行われたことがわかる。

オ 試験管**B**の結果は, 光により試験管の中の気体が減ることを明らかにする。

カ 袋**D**の結果は, 結果のちがいが植物のはたらきであることを明らかにする。

(1)		(2)		(3)		(4)	
(5)		(6)		(7)			

3 水の通り道，根と茎のつくりとはたらき

STEP 1 要点チェック

テスト1週間前から確認!

1 葉のはたらき

① 蒸散：植物が根で吸収し，茎を通って葉に運んだ水を，**水蒸気として気孔から出す現象。**

② 蒸散の量：気孔の開閉によって調節される。**晴れた日中に多く行われる。**

2 水の通り道 おぼえる!

- 維管束…道管と師管が集まった部分。
- 道管…水や水にとけた養分の通り道。根・茎では，**内側**にある。
- 師管…光合成でできた栄養分の通り道。根・茎では，**外側**にある。

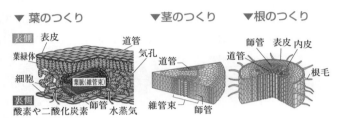

▼葉のつくり　▼茎のつくり　▼根のつくり

3 茎と根のつくりとはたらき

① **茎と根のつくり**
- **双子葉類**（ホウセンカなど）

茎の維管束は輪のように並んでいる。根は**主根**と**側根**。

- **単子葉類**（トウモロコシなど）

茎の維管束は全体に散らばっている。根は**ひげ根**。

② **根のはたらき**…植物のからだを支え，**水や水にとけた養分（肥料）を吸収する。**

- 根毛…根の先端に生える細い毛のようなもの。根毛は根の表面積を広げ，**土の粒の間に入りこんで水や水にとけた養分を吸収する。**

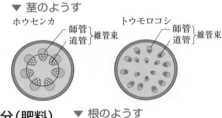

▼茎のようす　ホウセンカ　トウモロコシ　師管 道管 維管束

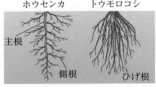

▼根のようす　ホウセンカ　トウモロコシ　主根 側根 ひげ根

テストの 要点 を書いて確認

別冊解答 P.9

□ にあてはまることばを書こう。

- 茎のつくりのまとめ

①
②
③

- ④ □ は，水や水にとけた養分の通り道，

⑤ □ は，光合成でできた栄養分の通り道。

- 双子葉類では，⑥ □ が輪状に並んでいる。

また，根のつくりは⑦ □ という太い根と，

⑧ □ という細い根からできている。

STEP
2
基本問題

テスト
5日前
から確認！

別冊解答 P.10

得点
／100点

第2章
3
水の通り道、根と茎のつくりとはたらき

1 下の図は，植物のからだの中における物質の移動のようすを模式的に示したものである。次の問いに答えなさい。

(1) ●は何という物質を表しているか。(8点) [ ]

(2) ●の物質が，大気中に水蒸気として放出されることを何というか。(8点) [ ]

(3) (2)はおもに，葉の何というところで行われるか。(8点) [ ]

(4) ア，イの管はそれぞれ何を表しているか。(8点×2)
ア[ ] イ[ ]

(5) ウは根である。根の役割を簡潔に答えなさい。(10点)
[ ]

2 下の図は，根のつくりのようすと，茎の断面図を表している。あとの問いに答えなさい。

A

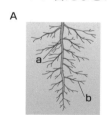

B

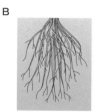

C

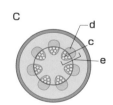

D

(1) Aのa・bのような根を，それぞれ何というか。(6点×2)
a[ ] b[ ]

(2) Bのような根を何というか。(6点)
[ ]

(3) 根の先端に見られる毛のようなものを何というか。(6点)
[ ]

(4) Cのc・dの部分に分布する管を，それぞれ何というか。(7点×2)
c[ ] d[ ]

(5) eの名称を答えなさい。(6点)
[ ]

(6) Dのようなつくりの茎は，ホウセンカとトウモロコシのどちらに見られるか。(6点)
[ ]

1
(1) ●は根から吸収し葉まで運ばれる物質である。
(2) (3) 根から吸収した水は道管を通って葉まで運ばれ，一部は光合成に使われ，残りは水蒸気となり大気中に出ていく。
(4) アは根から葉に向かう水や養分が通る管，イは葉からからだの各部へ向かう，葉でつくられた栄養分が水にとけやすい物質に変えられたものが通る管である。

2
(1)(2) Aは双子葉類の根，Bは単子葉類の根である。
(3) 根の先端に見られる細い毛のようなものは，土の粒の間に入りこみ，効率よく水や養分を吸収する。
(4) 茎では，内側に水や養分の通り道，外側に葉でつくられた栄養分の通り道がある。
(6) ホウセンカは双子葉類，トウモロコシは単子葉類である。

1 葉の大きさと数，茎の太さと長さなどが同じ植物を用意し，図のように，同量の水が入った同じ大きさの試験管A～Dに入れた。葉，茎は図に示した処理をして，水面に油を少量注ぎ，風通しのよい場所に2時間置いた。表は，試験管A～Dそれぞれについて，蒸散によって減少した水の量を測定した結果を表したものである。次の問いに答えなさい。

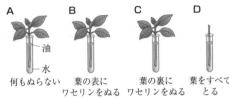

(1) 水面に油を注ぐのはなぜか。その理由を答えなさい。（5点）

(2) 蒸散が，葉の表と裏のどちらでさかんに行われるかを調べるには，どれとどれを比べるとよいか。A～Dの記号で答えなさい。（5点）

(3) 蒸散が，葉と茎のどちらでさかんに行われるかを調べるには，どれとどれを比べるとよいか。A～Dの記号で答えなさい。（5点）

(4) 同じ割合で蒸散し続けたと考えて，1時間の葉の裏からだけの蒸散量が何cm³になるかを実験結果から求めなさい。（6点）

(5) 実験結果から，葉全体で行われる蒸散量は，葉の表のみの蒸散量の何倍と考えられるか。次のア～エから1つ選び，記号で答えなさい。（6点）

　ア　6倍　　イ　4.5倍　　ウ　2倍　　エ　1.5倍

(6) 植物体内の水分が，水蒸気となって体外へ出されることを確かめる方法を上の実験以外に1つ書きなさい。（6点）

A	B	C	D
1.9cm³	1.5cm³	0.5cm³	0.1cm³

(1)					
(2)		(3)		(4)	
(5)		(6)			

2 右の図1，図2は，ホウセンカとツユクサの葉と根のようすをスケッチしたものである。次の問いに答えなさい。

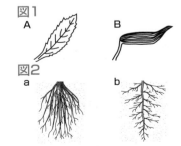

図1

図2

(1) ホウセンカの葉は，A，Bのどちらか。（5点）

(2) ツユクサの根はa，bのどちらか。（5点）

(3) 植物の根には，細かい毛のようなものがはえている。この毛のようなものがある利点を1つ書きなさい。（8点）

(1)		(2)	
(3)			

3 右の図はある植物の根と茎の断面のようすである。次の問い
に答えなさい。

(1) 根から吸収した水や水にとけた養分が通る管を何というか。(5点)

(2) (1)の管を右の図の**A**～**D**からすべて選び，記号で答えなさい。(5点)

(3) 葉でつくられた栄養分が通る管を何というか。(5点)

(4) (1)，(3)の管が集まっている部分を何というか。(5点)

(5) 根のはたらきを，次のア～エからすべて選び，記号で答えなさい。(6点)

　ア　からだの中の余分な水分を出す。　　イ　土に固定し，からだを安定させる。
　ウ　光合成を行い，栄養分をつくる。　　エ　水や，水にとけているものをとり入れる。

(6) 陸上の植物の茎は，(1)や(3)のように物質を通すほかに，どのようなはたらきがあるか，答えなさい。(8点)

(1)		(2)		(3)		(4)	
(5)		(6)					

4 右の図1は，ある緑色の植物の茎の断面のつくりを，また
図2は，同じ植物の葉の断面のつくりを，それぞれ表した
ものである。次の問いに答えなさい。

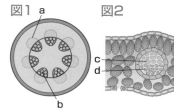

(1) 根から吸収した水や，水にとけた養分が通る管はどれ
か。**a**～**d**から2つ選びなさい。(5点)

(2) 葉でつくられたデンプンは，どのようにしてからだ全体に運ばれるか。次のア～エから1
つ選び，記号で答えなさい。(5点)

　ア　そのまま，師管を通って全体に運ばれる。
　イ　そのまま，道管を通って全体に運ばれる。
　ウ　水にとける物質につくり変えられ，師管を通って全体に運ばれる。
　エ　水にとける物質につくり変えられ，道管を通って全体に運ばれる。

(3) 次のア～エは道管と師管についての説明である。正しいものをすべて選び，記号で答えなさい。(5点)

　ア　師管は，図1には見られるが，図2には見られない。
　イ　道管と師管は茎ではどの植物も，図1のように並んでいる。
　ウ　道管が集まった部分と師管が集まった部分を合わせて維管束という。
　エ　道管と師管が集まったものを，葉では葉脈という。

(1)		(2)	
(3)			

4 生命を維持するはたらき（1）

STEP 1 要点チェック

テスト
1週間前
から確認！

1 消化と吸収

① **消化のしくみ** おぼえる！

● 消化…食物を，消化管のはたらきや消化酵素のはたらきで，からだの
中にとり入れやすい物質に変えること。

▼ ヒトの消化系

● 消化液…**食物の
消化にかかわる
液**。だ液，胃液，
胆汁，すい液な
ど。

消化液	消化酵素	はたらき
だ液，すい液	アミラーゼ	デンプンを分解
胃液	ペプシン	タンパク質を分解
すい液	リパーゼ	脂肪を分解
	トリプシン	タンパク質を分解

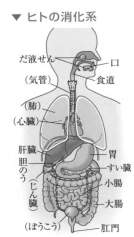

● 消化酵素…消化液にふくまれ，**特定の養分を分解**する。

● 消化のしくみ…デンプンはブドウ糖，タンパク質はアミノ酸，脂肪は
脂肪酸とモノグリセリドに分解される。

② **養分の吸収**：小腸のかべにたくさんのひだがあり，養分はひだの表面
にある柔毛から吸収される。

● ブドウ糖とアミノ酸…柔毛から**毛細血管に入り**，肝臓を通って全身の細胞に送られる。

● 脂肪酸とモノグリセリド…柔毛に吸収されて再び脂肪となり，**リンパ管に入る**。

2 呼吸

① 肺による呼吸：鼻や口から吸いこまれ
た空気は，気管を通って肺に送られる。

▼ ヒトの肺のつくりと呼吸のしくみ

● **気体の交換**…肺胞のまわりには毛細血
管が網の目のようにはりめぐらされて
いる。肺胞内の空気中の酸素が血液に
とりこまれ，血液中の二酸化炭素が肺
胞に出される。

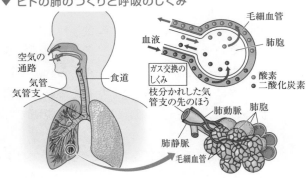

② **細胞による呼吸（細胞呼吸）**：細胞が，
血液によって運ばれてきた養分を，酸
素を使って二酸化炭素と水に分解して，エネルギーをとり出すこと。

テストの **要点** を書いて確認

別冊解答 P.10

☐ にあてはまることばを書こう。

● 食品の成分の分解産物

デンプン→ ① ☐ ，タンパク質→ ② ☐ ，脂肪→ ③ ☐ ＋ ④ ☐

テスト **5日前** から確認！

別冊解答 P.10

得点 ／100点

---

1 右の図は，ヒトの消化に関係する器官を模式的に表したものである。次の問いに答えなさい。

(1) a〜gの部分の名称を答えなさい。(5点×7)

a [　　　　　]　b [　　　　　]
c [　　　　　]　d [　　　　　]
e [　　　　　]　f [　　　　　]
g [　　　　　]

(2) 消化管にふくまれるものを，a〜gからすべて選び，食物が通る順に並べなさい。(5点)
[　　　　　　　　　　　　　]

(3) 消化された養分を吸収する器官を，a〜gから1つ選び，記号で答えなさい。(5点) [　　　　]

(4) 吸収したブドウ糖の一部をグリコーゲンとしてたくわえている器官を，a〜gから1つ選び，記号で答えなさい。(5点) [　　　　]

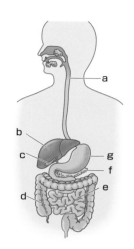

① (2) 口から肛門までつながった部分にあるものを選ぶ。
(4) 吸収されたブドウ糖は，この器官に運ばれてから，全身に送られる。

---

2 右の図は，小腸のかべにある小さな突起を模式的に表したものである。次の問いに答えなさい。

(1) 右の図のような小さな突起を何というか。
(5点) [　　　　]

(2) a，bは何を表しているか。(5点×2)
a [　　　　]　b [　　　　]

(3) 次の①〜③は，a，bのどちらに入るか。(5点×3)
① ブドウ糖 [　　　]　② アミノ酸 [　　　]
③ 脂肪酸とモノグリセリドが脂肪になったもの [　　　]

② (2) aには血液が流れ，bにはリンパ液が流れる。
(3) 脂肪は分解されて，脂肪酸とモノグリセリドになるが，左の図の突起に入ると，再び脂肪になる。

---

3 右の図は，ヒトの肺の一部を模式的に表したものである。次の問いに答えなさい。

(1) 図のア〜ウの名称を答えなさい。(5点×3)
ア [　　　　]
イ [　　　　]
ウ [　　　　]

(2) 酸素を多くふくんでいるのは，血管AとBを流れる血液のどちらか。記号で答えなさい。(5点) [　　　　]

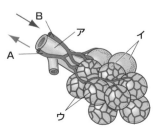

③ (2) イの中の空気とウの中の血液の間で，酸素と二酸化炭素の交換が行われる。

1 だ液のはたらきを調べるため，次のような実験を行った。あとの問いに答えなさい。

＜実験＞

1 2本の試験管**A**，**B**にうすいデンプン溶液を入れ，**A**にはうすめただ液 2cm³，**B**には水 2cm³を加える。

2 試験管**A**，**B**を<u>湯</u>に約10分つけておく。

3 **A**，**B**の溶液を別々の試験管に半分ぐらい入れ，**A′**，**B′**とする。

4 試験管**A**，**B**にヨウ素液を加える。

5 試験管**A′**，**B′**にベネジクト液を少量加え，沸騰石を入れて，加熱する。

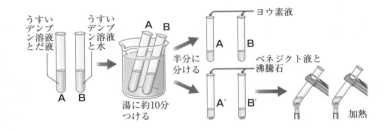

＜結果＞

試験管A	変化しなかった
試験管B	青紫色になった

試験管A′	赤褐色の沈殿ができた
試験管B′	変化しなかった

(1) だ液は何という器官でつくられるか。(5点)

(2) 下線部の湯の温度として適切なものを，次のア～エから1つ選び，記号で答えなさい。(3点)
　ア 0℃　　イ 20℃　　ウ 40℃　　エ 60℃

(3) 水を入れた試験管**B**を用意した理由として適切なものを，次のア～エから1つ選び，記号で答えなさい。(3点)
　ア 溶液の体積を同じにするため。
　イ デンプンがヨウ素液やベネジクト液と反応するのを確かめるため。
　ウ ヨウ素液やベネジクト液の変化がだ液によるものであることを確かめるため。
　エ だ液をうすめたことで，だ液の成分が変化したわけではないことを確かめるため。

(4) ヨウ素液とベネジクト液は，それぞれ何を検出するために加えたか。(4点×2)

(5) この実験結果からわかるだ液のはたらきを，簡単に説明しなさい。(10点)

(6) だ液のはたらきは，だ液にふくまれる消化酵素によるものである。だ液にふくまれる消化酵素を，次のア～エから1つ選び，記号で答えなさい。(3点)
　ア アミラーゼ　　イ リパーゼ　　ウ トリプシン　　エ ペプシン

(1)		(2)		(3)		
(4)	ヨウ素液		ベネジクト液			
(5)					(6)	

2 右の図は，食物の成分が消化液のはたらきで，体内に吸収できる物質に変化するようすを表している。次の問いに答えなさい。

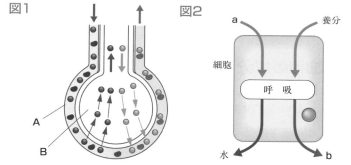

消化液
だ液 →
胃液 →
食物にふくまれる養分 ① ② ③
a
b
c
A B C

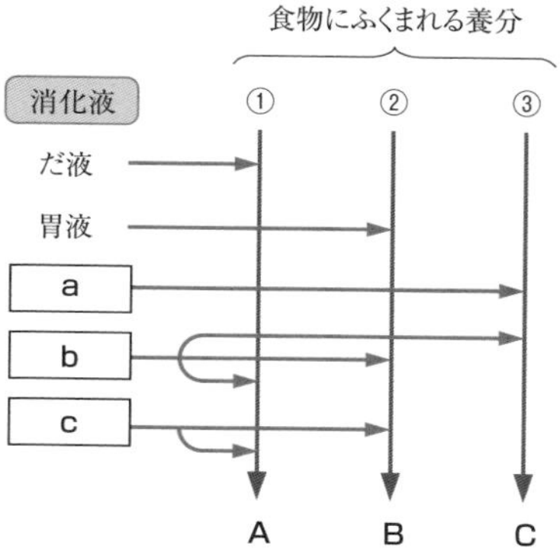

(1) ①の成分は，どのような食品に多くふくまれているか。次のア～ウから1つ選び，記号で答えなさい。(3点)
　ア 米　イ ゴマ　ウ 卵

(2) aは消化酵素をふくまない消化液である。その名称を答えなさい。(5点)

(3) bにふくまれる消化酵素を，次のア～エからすべて選び，記号で答えなさい。(3点)
　ア アミラーゼ　イ トリプシン　ウ ペプシン　エ リパーゼ

(4) cはある器官の表面から出される消化酵素である。その器官の名称を答えなさい。(5点)

(5) Cにあてはまる養分を，次のア～エからすべて選び，記号で答えなさい。(3点)
　ア 脂肪酸　イ アミノ酸　ウ ブドウ糖　エ モノグリセリド

(6) A～Cの中で，小腸から肝臓に送られるものをすべて選び，記号で答えなさい。(3点)

(1)		(2)		(3)		(4)	
(5)			(6)				

難 3 右の図1は，肺での気体の交換のようすを模式的に表したものである。図2は細胞による呼吸のようすを模式的に表したものである。次の問いに答えなさい。

図1

A
B

図2

a　　養分
細胞
呼 吸
水　　b

(1) 図1のA，Bの部分をそれぞれ何というか。(5点×2)

(2) 図1の○，●はそれぞれ，次のア～エのどれを表しているか。記号で答えなさい。(3点×2)
　ア 酸素　イ 水蒸気　ウ 二酸化炭素　エ アンモニア

文章記述 (3) 肺には，図1のようなつくりがたくさん見られる。これにはどのような利点があるか。簡単に説明しなさい。(10点)

(4) 図2のa，bにあてはまる物質の名称を答えなさい。(5点×2)

文章記述 (5) 細胞による呼吸はどのような目的で行われるか。簡単に説明しなさい。(10点)

(1)	A		B		(2)	○		●	
(3)									
(4)	a		b						
(5)									

5 生命を維持するはたらき(2)

STEP 1 要点チェック

テスト1週間前から確認!

1 血液の循環 おぼえる!

① 心臓のつくりとはたらき：心臓は筋肉でできていて，心房と心室が周期的に収縮する運動（拍動）によって，全身に血液を送り出している。

② 血管：動脈・静脈・毛細血管に分けられる。

● 動脈…心臓から出される血液が流れる血管。

● 静脈…心臓にもどる血液が流れる血管。

③ 血液の循環

● 肺循環…肺で酸素をとりこみ，二酸化炭素を出す。

　右心室 → 肺動脈 → 肺 → 肺静脈 → 左心房

● 体循環…全身の細胞に酸素と養分をわたし，二酸化炭素と不要物を受けとる。

　左心室 → 大動脈 → からだの各部 → 大静脈 → 右心房

● 動脈血…酸素を多くふくみ，二酸化炭素が少ない血液。

● 静脈血…酸素が少なく，二酸化炭素を多くふくむ血液。

2 血液の成分

① 血液の成分：血しょうという液体成分と，赤血球，白血球，血小板という固形成分からできている。

② 組織液：血しょうの一部がしみ出したもの。

3 排出

① 排出：不要な物質を体外に出すはたらき。

● 肝臓のはたらき…有害なアンモニアを害の少ない尿素に変える。

● じん臓のはたらき…尿素などの不要な物質や余分な水などを血液中からこし出す。

▼ 心臓の断面図

上大静脈　大動脈
肺動脈　肺動脈
右肺静脈　左肺静脈
　　　　左心房
右心房　左心室
右心室
下大静脈
（正面から見た図）

▼ 血液の循環

肺動脈　肺静脈
肺循環　肺
大動脈
大静脈
肝臓
小腸
じん臓
からだの各部
体循環

　:静脈血　　:動脈血

血液の成分	はたらき
血しょう	養分や不要な物質，二酸化炭素をとかして運ぶ
赤血球	ヘモグロビンのはたらきで，酸素を運ぶ
白血球	外部からの細菌やウイルスなどの異物を分解する
血小板	出血したときに血液を固める

テストの要点を書いて確認

別冊解答 P.11

　　　にあてはまることばを書こう。

● 排出のしくみ

　有害なアンモニアは，①　　　　で害の少ない②　　　　に変えられ，

　③　　　　として体外に排出される。

STEP
2
基本問題

テスト
5日前
から確認!

別冊解答 P.11

得点
／100点

第2章
5
生命を維持するはたらき②

1 右の図は，ヒトの血液の循環のようすを模式的に表したものである。次の問いに答えなさい。

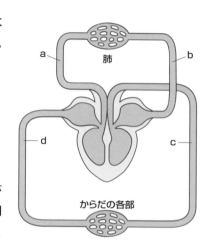

(1) a〜dの名称を答えなさい。(7点×4)

a [   ]
b [   ]
c [   ]
d [   ]

(2) 酸素を多くふくみ，二酸化炭素が少ない血液が流れる血管をa〜dから2つ選び，記号で答えなさい。(5点)

[   ]

(3) 下の文は，体循環の経路を説明したものである。①，②にあてはまる血管をa〜dから1つずつ選び，記号で答えなさい。(5点×2)

体循環：左心室→ ① [   ] →からだの各部→ ② [   ] →右心房

1
(2) 動脈血が流れる血管をさがす。
(3) 心臓から順を追って見ていく。

2 右の図は，ヒトの血液の成分を模式的に表したものである。次の問いに答えなさい。

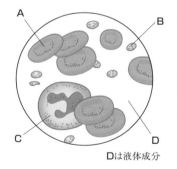

Dは液体成分

(1) A〜Dの名称を答えなさい。(6点×4)

A [   ]
B [   ]
C [   ]
D [   ]

(2) 酸素をからだの各部に運ぶはたらきをするのは，A〜Dのどれか。記号で答えなさい。(5点)

[   ]

(3) 養分や二酸化炭素，不要な物質などを運ぶのは，A〜Dのどれか。記号で答えなさい。(5点)

[   ]

2
(2) 酸素を運ぶのはヘモグロビンの性質による。
(3) 養分や二酸化炭素，不要な物質はとけて運ばれる。

3 右の図は，ヒトの排出に関係する器官を模式的に表したものである。次の問いに答えなさい。

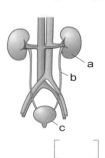

(1) a〜cの名称を答えなさい。(6点×3)

a [   ]   b [   ]
c [   ]

(2) 血液中から不要な物質をこし出す器官はa〜cのどれか。記号で答えなさい。(5点)

[   ]

3
(2) じん臓でこし出されたものは，輸尿管を通ってぼうこうに一時的にためられる。

STEP 3 得点アップ問題

1 右の図は，ヒトの心臓のつくりを模式的に表したものである。
次の問いに答えなさい。

(1) 次の①〜④にあてはまるものを，**A 〜 D**から1つずつ選び，
記号で答えなさい。(3点×4)

① 肺から血液が流れこむ。

② からだの各部から血液が流れこむ。

③ 肺に血液を送り出す。

④ からだの各部に血液を送り出す。

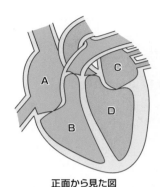

正面から見た図

(2) 右心室とよばれるのは，**A 〜 D**のどの部分か。(3点)

(3) 心臓の動きについて適切なものを，次のア〜エから1つ選び，記号で答えなさい。(3点)

ア　心房と心室は同時に収縮し，同時にゆるむ。

イ　心房と心室は交互に収縮し，交互にゆるむ。

ウ　右心房・右心室と左心房・左心室は，交互に収縮し，交互にゆるむ。

エ　心房と心室の収縮には規則性はない。

(1)	①		②		③		④		(2)	
(3)										

2 次の文は，ヒトの排出のしくみについて説明したものである。あとの問いに答えなさい。

細胞による呼吸などによって，タンパク質が分解されると，（　①　）とよばれる有毒な物質が生じる。この物質は血液によって（　②　）まで運ばれ，そこで害が少ない（　③　）とよばれる物質に変えられる。（　③　）は（　④　）で血液中から余分な水分や塩分とともにこし出されて（　⑤　）になり，（　⑥　）に一時的にたくわえられたあと，体外に排出される。

(1) ①〜⑥にあてはまることばを答えなさい。(3点×6)

(2) 右の図は，ヒトのある器官の断面図である。この器官は何か。(3点)

(3) 右の図の器官は，ヒトのからだのどこにいくつあるか。次のア〜エから1つ選び，記号で答えなさい。(3点)

ア　気管の上部に1つ　　イ　胸部の肺の背中側に2つ

ウ　腹部の腹側に1つ　　エ　腰部の背中側に2つ

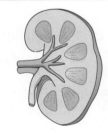

(1)	①		②		③	
	④		⑤		⑥	
(2)			(3)			

3 図1は，ヒトの血液の循環を模式的に表したものである。また，図2は血管のようすを表したものである。次の問いに答えなさい。

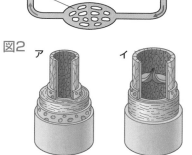

図1

(1) 図1の**A** ～ **D**の血管の名称を答えなさい。(3点×4)

(2) 図1の血管**A**を流れる血液は，血管**B**を流れる血液に比べてどのような特徴があるか。簡単に説明しなさい。

(8点)

(3) 次の①～③にあてはまる血管を，図1の**A** ～ **G**から１つずつ選び，記号で答えなさい。(3点×3)

　① 食後しばらくして，ブドウ糖やアミノ酸をもっとも多くふくむ血液が流れる血管。

　② 尿素の量がもっとも少ない血液が流れる血管。

　③ アンモニアの量がもっとも少ない血液が流れる血管。

(4) 図1の血管**C**のようすを表しているのは，図2の**ア**，**イ**のどちらか。(3点)

図2

(5) (4)で答えた理由を簡単に説明しなさい。(8点)

(1)	**A**		**B**		**C**		**D**	
(2)								
(3)	①		②		③		(4)	
(5)								

4 下の図は，血液と細胞の間で行われる物質のやりとりを模式的に表したものである。次の問いに答えなさい。

(1) 血液の液体成分**A**と細胞をとりまく液体**B**の名称を答えなさい。(3点×2)

(2) 次の①，②のはたらきをもつ血液の固形成分を**a** ～ **c**から１つずつ選び，記号で答えなさい。(3点×2)

　① 酸素を全身の細胞に運ぶ。

　② 出血したときに血液を固める。

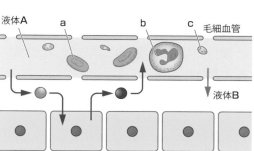

(3) 次の①，②にあてはまる物質を，下の**ア**～**エ**から２つずつ選び，記号で答えなさい。

　① 図の〇が表している物質。

(3点×2)

　② 図の●が表している物質。

　ア 不要な物質　　**イ** 養分　　**ウ** 酸素　　**エ** 二酸化炭素

(1)	**A**		**B**		(2)	①		②	
(3)	①		②						

6 感覚と行動のしくみ

STEP 1 要点チェック

テスト1週間前から確認!

1 感覚器官

① 感覚器官：外界からの光や音，においなどの刺激を受けとる器官。刺激を受けとる細胞（感覚細胞）がある。

② 目のつくりとはたらき：外からの光を水晶体（レンズ）によって屈折させ，網膜上に像を結ばせる。

③ 耳のつくりとはたらき：空気の振動(音)を鼓膜で受けとり，耳小骨を通してうずまき管に伝える。

2 神経系

① 中枢神経：脳やせきずい。刺激に対する判断や命令を行う。

② 末しょう神経：中枢神経から枝分かれして，からだのすみずみにまで広がる神経。

● 感覚神経…感覚器官からの刺激の信号を中枢神経に伝える。

● 運動神経…中枢神経からの命令の信号を筋肉などに伝える。

③ 刺激に対する反応 おぼえる!

● 意識して起こる反応…感覚器官からの信号が感覚神経を通って脳に伝わる。脳から命令の信号が運動神経を通って筋肉に伝わり，反応が起こる。

● 反射…刺激を受けたとき，意識とは無関係に起こる反応。直接せきずいなどから命令の信号が運動神経に伝えられるため，すばやく行動できる。危険から身を守るのに役立つ。

3 運動のしくみ

① 骨格：からだを支え，脳や内臓を保護する。

② 運動のしくみ：筋肉によって，骨と骨のつなぎ目の関節で骨格を動かす。

● 筋肉…両端がじょうぶなけんになっていて，関節をまたいで別々の骨についている。一方の筋肉が収縮するときはもう一方がゆるむことで，ひじやひざを曲げたりのばしたりできる。

▼ 目のつくり

毛様体　網膜
虹彩
角膜　　　　視神経
ひとみ
水晶体
（レンズ）
〈右目の断面を上から見た図〉

▼ 耳のつくり

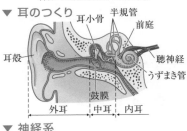

耳小骨　半規管
前庭
聴神経
耳殻　　　　うずまき管
鼓膜
外耳　中耳　内耳

▼ 神経系

神経系 ─┬─ 中枢神経 ─┬─ 脳
　　　　 │　　　　　　 └─ せきずい
　　　　 └─ 末しょう神経 ─┬─ 感覚神経
　　　　　　　　　　　　　　└─ 運動神経など

▼ うでの骨格と筋肉

うでを曲げる筋肉（ゆるんでいる）
けん
けん
関節
うでをのばす筋肉（収縮している）
けん

うでを曲げる筋肉（収縮している）
うでをのばす筋肉（ゆるんでいる）

テストの 要点 を書いて確認

別冊解答 P.13

□ にあてはまることばを書こう。

● 反応のしくみ

意識して起こす反応… 感覚器官 → 感覚神経 → ① □ → ② □ → ③ □ → 運動神経 → 運動器官

反射… → ④ □

テスト 5日前 から確認!

別冊解答 P.13

得点 ／100点

1 右の図は，ヒトの耳のつくりを模式的に表したものである。次の問いに答えなさい。

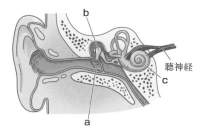

聴神経
c
b
a

(1) a～cの名称を答えなさい。(8点×3)

a [　　　　　　　]
b [　　　　　　　]
c [　　　　　　　]

(2) 外界からの音の刺激が伝わる順にa～cを並べなさい。(8点)

[　　→　　　→　　]

2 右の図は，刺激と命令の信号が伝わる道すじを模式的に表したものである。次の問いに答えなさい。

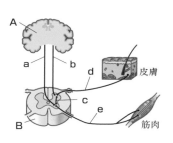

A
a　　b
d　皮膚
c
e
B　　筋肉

(1) A，Bは中枢神経を表している。その名称を答えなさい。(8点×2)

A [　　　　　　　]
B [　　　　　　　]

(2) d，eは末しょう神経を表している。その名称を答えなさい。(8点×2)

d [　　　　　] e [　　　　　]

(3) 皮膚からの刺激を受けとり，判断して反応するまで，信号はどのような経路を伝わるか。a～eの記号を，信号が伝わる順に解答欄に合うように並べなさい。(10点)

[皮膚→　　→B→　　→A→　　→B→　　→筋肉]

3 右の図は，うでを曲げたときのヒトの骨格と筋肉のようすを表したものである。次の問いに答えなさい。

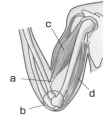

c
a
d
b

(1) a，bの名称を答えなさい。(10点×2)

a [　　　　　　　]
b [　　　　　　　]

(2) 図の状態からうでをのばすとき，c，dの筋肉はどのようになるか。次のア～エから1つ選び，記号で答えなさい。(6点) [　　　]

ア cとdの筋肉は両方とも収縮する。
イ cとdの筋肉は両方ともゆるむ。
ウ cの筋肉は収縮し，dの筋肉はゆるむ。
エ cの筋肉はゆるみ，dの筋肉は収縮する。

1
(2) 外界に近いほうから順に並べていく。

2
(2) 末しょう神経には，このほかにからだの状態を一定に保つための自律神経もある。
(3) 皮膚からA，Aから筋肉の順に道すじをたどっていく。

3
(1) aは筋肉の両端にあるじょうぶなすじ。bは骨と骨のつなぎ目。
(2) わからないときは，実際にうでを動かしてみて，かたくなっている筋肉（＝収縮している筋肉），やわらかい筋肉（＝ゆるんでいる筋肉）を調べよう。

STEP
3
得点アップ問題

テスト
3日前
から確認!

別冊解答 P.13

得点

／100点

よくでる **1** 右の図はヒトの目や耳のつくりを模式的に表したものである。次の問いに答えなさい。

図1

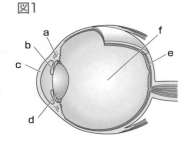

図2

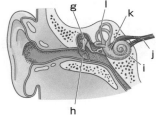

(1) 次の①〜③にあてはまる部分を，図1のa〜fから1つずつ選び，記号で答えなさい。(4点×3)

① 光の刺激を受けとり，信号に変える。

② 目に入る光の量を調節する。

③ 光を屈折させる。

(2) 物体の像が結ばれるのは，図1のa〜fのどの部分か。記号で答えなさい。(4点)

(3) 音はふつう何の振動となって耳まで伝わってくるか。(5点)

(4) 次の①，②にあてはまる部分を，図2のg〜lから1つずつ選び，記号で答えなさい。

① 鼓膜の振動を大きくする。　(4点×2)

② 音の刺激を液体の振動として受けとる。

(1)	①		②		③		(2)	
(3)			(4)	①		②		

2 下の図は，ヒトの神経系を表したものである。あとの問いに答えなさい。

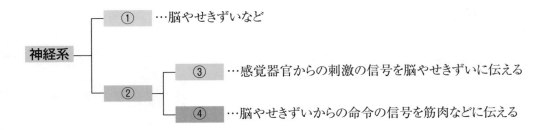

神経系 ① …脳やせきずいなど

② ③ …感覚器官からの刺激の信号を脳やせきずいに伝える

④ …脳やせきずいからの命令の信号を筋肉などに伝える

(1) ①〜④にあてはまる神経の名称を答えなさい。(5点×4)

(2) 視神経は，①，③，④のどこにあてはまるか。(3点)

文章記述 (3) ①の神経のはたらきを簡単に説明しなさい。(10点)

(1)	①		②		③		④	
(2)			(3)					

3 下の文章を読み，Yさんの反応について，あとの問いに答えなさい。

> Yさんは，お湯をわかしていたときにまちがってやかんにさわってしまい，A思わず手を引っこめた。指先が熱く，やけどをしたように感じたので，Bあわてて水道の水で冷やした。

(1) 下線部**A**のような反応を何というか。(5点)

(2) 次のア〜オの反応のうち，(1)をすべて選び，記号で答えなさい。(3点)

ア　あしをふまれたので，思わず「痛い」と声をあげた。

イ　暗いところでは，猫の目のひとみが大きくなった。

ウ　自転車が曲がり角から急にとび出してきたので，あわててよけた。

エ　ガムをかむと，だ液が出た。

オ　虫が目の前に急に飛んできたので，目を閉じた。

 (3) (1)の反応はわたしたちの生活にどのように役立っているか。簡単に説明しなさい。(10点)

(4) 図1は，うでの骨格と筋肉のようすを表したものである。下線部**A**の反応でうでを曲げたとき，①，②の筋肉はどのようになるか。次のア〜エから１つ選び，記号で答えなさい。(3点)

ア　①の筋肉は収縮し，②の筋肉はゆるむ。

イ　①の筋肉はゆるみ，②の筋肉は収縮する。

ウ　①の筋肉も②の筋肉も収縮する。

エ　①の筋肉も②の筋肉もゆるむ。

図1

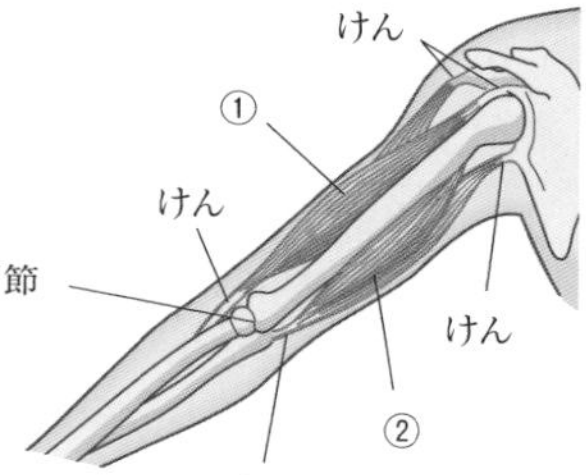

(5) 図2は，刺激や命令の信号が伝わる道すじを模式的に表したものである。下線部**A**，**B**の反応で，信号が伝わる順に必要な記号を a 〜 e からすべて選び，左から順に並べなさい。(7点×2)

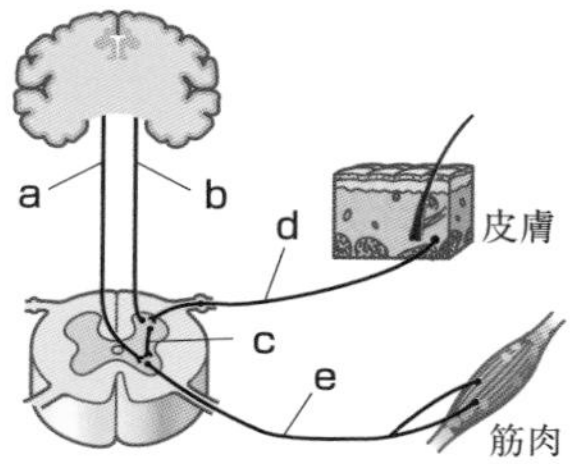

(6) 図2の d，e の神経について適切なものを，次のア〜エから１つ選び，記号で答えなさい。(3点)

ア　dの神経によって皮膚→せきずい，せきずい→皮膚の両方向に信号が伝わるが，eの神経ではせきずい→筋肉の向きにしか信号が伝わらない。

イ　dの神経では皮膚→せきずいの向きにしか信号が伝わらないが，eの神経によってせきずい→筋肉，筋肉→せきずいの両方向に信号が伝わる。

ウ　dの神経によって皮膚→せきずい，せきずい→皮膚の両方向に信号が伝わり，eの神経によってもせきずい→筋肉，筋肉→せきずいの両方向に信号が伝わる。

エ　dの神経では皮膚→せきずい，eの神経ではせきずい→筋肉の向きにしか信号が伝わらない。

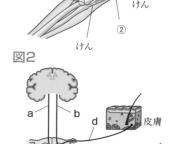

図2

(1)		(2)			
(3)				(4)	
(5)	下線部A		下線部B		
(6)					

定期テスト予想問題(1)

別冊解答 P.14

目標時間 **45**分　得点 ／**100**点

❶ 図1はある被子植物のからだのつくりを示した模式図である。次の問いに答えなさい。(長崎県)

(1) 図2は，図1のaの位置で切った茎の断面を示している。図2において，葉でつくられた栄養分の通る管がある部分を黒く塗りつぶしたものとしてもっとも適切なものを，次のア〜エから選び，記号で答えなさい。(10点)

ア 　イ 　ウ 　エ

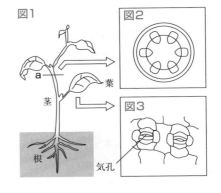

図1　図2　図3　葉　茎　根　気孔

(2) 図3は，葉の裏側の表皮をうすくはぎ，切りとって顕微鏡で観察したときのスケッチである。その中には気孔がいくつも観察できた。気孔のはたらきによって起こることを説明した次の文の（　①　），（　②　）にあてはまることばを入れ，文を完成させなさい。(10点×2)

> 気孔では酸素や二酸化炭素の出入り以外に，水蒸気が放出される（　①　）という現象が見られる。また，（　①　）が活発に行われることによって，（　②　）がさかんに起こり，植物にとって必要なものが根から茎，葉へと運ばれていく。

(1)		(2)	①		②	

❷ オオカナダモに光を当てると二酸化炭素が使われることを調べるために，実験を行った。次の文は，その実験の手順と結果を示したものである。あとの問いに答えなさい。(福岡県)

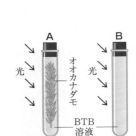

A　B　光　光　オオカナダモ　BTB溶液

【手順】

① オオカナダモを入れた試験管**A**と，空の試験管**B**を準備する。

② ビーカーに入れたうすい青色のＢＴＢ溶液を緑色にするために，〔　　　〕。

③ 緑色になったＢＴＢ溶液を試験管**A**と試験管**B**に注ぎ，ゴム栓をする。

④ 図のように，両方の試験管にじゅうぶん光を当てる。

【結果】

試験管**A**ではＢＴＢ溶液がうす青色になったが，試験管**B**ではＢＴＢ溶液は緑色のままだった。

(1) この実験で試験管**B**を準備したように，調べようとする事がら以外の条件を同じにして行う実験を何というか。(8点)

難 (2) 実験の目的から考えて，文中の〔　　　〕にあてはまる操作を，簡単に書きなさい。(8点)

(3) 光を当てると，試験管**A**のオオカナダモから気泡が発生し始めた。その気泡には，ある気体が多くふくまれている。ある気体とは次の**ア**～**エ**のどれか。1つ選び，記号で答えなさい。

(8点)

ア 二酸化炭素　**イ** 水素　**ウ** 酸素　**エ** アンモニア

よく でる

(4) 実験後，ＢＴＢ溶液の色がうす青色になっていた試験管**A**を，光の当たらないところにしばらく置いた。すると，試験管**A**のＢＴＢ溶液が黄色になっていた。下の◯◯内は，その理由を述べたものである。文中の**ア，イ**に適切なことばを入れなさい。(8点×2)

オオカナダモが（**ア**）を行わず，（**イ**）だけを行って，二酸化炭素を出したから。

(1)		(2)	
(3)		(4)　ア		イ	

3 次の実験1，2について，あとの問いに答えなさい。

＜実験1＞ 図1のように，試験管**A，B**にそれぞれストローで呼気をふきこみ，じゅうぶんに光を当てたあと，それぞれの試験管に石灰水を入れてよくふり，ようすを比べた。

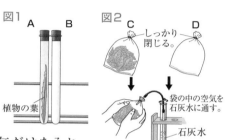

図1　A　B　図2　C　D　しっかり閉じる。　植物の葉　袋の中の空気を石灰水に通す。　石灰水

＜実験2＞ 図2のように2つのポリエチレンの袋**C，D**を用意し，**C**には空気と植物を，**D**には空気だけを入れ，密閉した状態で光の当たらないところにじゅうぶんに置いたあと，それぞれの袋の中の空気を石灰水に通し，変化を調べた。

(1) **実験1**に関して，次の問いに答えなさい。(7点×2)

① 石灰水のようすとして正しいものを次の**ア**～**エ**から1つ選び，記号で答えなさい。

ア **A**よりも**B**のほうが白くにごった。

イ **B**よりも**A**のほうが白くにごった。

ウ **A，B**両方とも同じくらい白くにごった。

エ **A，B**両方とも変化しなかった。

② この実験から，試験管**A**の葉に光が当たったとき，どのようなはたらきが行われたことがわかるか。次の**ア**～**エ**から1つ選び，記号で答えなさい。

ア 呼吸が行われ，酸素が吸収された。

イ 光合成が行われ，酸素が放出された。

ウ 呼吸が行われ，二酸化炭素が放出された。

エ 光合成が行われ，二酸化炭素が吸収された。

(2) **実験2**に関して，次の問いに答えなさい。(8点×2)

① **C**の空気を石灰水に通したときのようすを答えなさい。

文章 記述

② この実験の目的は，植物のどのようなはたらきを確認することか，答えなさい。

(1)	①		②		(2)	①	
②							

定期テスト予想問題(2)

別冊解答 P.14

目標時間 **45**分

得点 ／100点

1 生命の維持に関する，次の問いに答えなさい。(愛媛県)

よくでる (1) 右の図は，ヒトの小腸にある柔毛の模式図である。次の文の①，②の［　　］の中から，それぞれ適切なものを1つずつ選び，ア～エの記号で答えなさい。(5点×2)

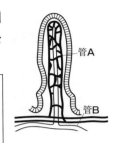

> デンプンの分解によってできたブドウ糖は，図で①［ア．管A　イ．管B］として示されている②［ウ．リンパ管　エ．毛細血管］に吸収される。

文章記述 (2) ヒトの小腸の内部の表面には，ひだや柔毛があり，効率よく栄養分を吸収することができる。ひだや柔毛があると，効率よく栄養分を吸収することができるのはなぜか。その理由を簡単に書きなさい。(6点)

(3) 生命を維持するための器官のはたらきについて述べたものとしてもっとも適切なものを，次のア～エから選び，記号で答えなさい。(5点)

ア　胆のうは，消化酵素はふくまないが脂肪の分解を助ける胆汁を出す。

イ　肝臓は，吸収されたアミノ酸からグリコーゲンを合成する。

ウ　すい臓は，タンパク質を分解するリパーゼをふくむすい液を出す。

エ　じん臓は，細胞内でできた有害なアンモニアを尿素に変える。

(1)	①		②	
(2)			(3)	

よくでる **2** 右の図は，ヒトの血液の循環の経路を表したものである。また，表は，ヒトの吸う息とはく息にふくまれる気体の体積の割合を表したものである。次の問いに答えなさい。

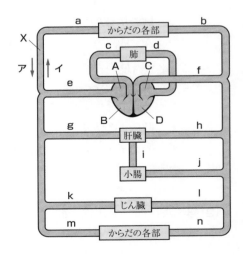

(1) Xの血管の中を流れる血液の向きは，ア，イのどちらか。(5点)

(2) 心臓のBの部分を何というか。(5点)

(3) 肺動脈とよばれる血管を，a～nから1つ選び，記号で答えなさい。(5点)

(4) 食後，ブドウ糖やアミノ酸の量がもっとも多い血液が流れる血管は，a～nのどれか。記号で答えなさい。(5点)

(5) 尿素をつくる器官を右の図から選び，名称を答えなさい。(5点)

(6) ふくまれる尿素の量がもっとも少ない血液が流れる血管をa～nから1つ選び，記号で答えなさい。(5点)

(7) 右の表の①，②にあてはまる気体の名称を答えなさい。(6点×2)

気体の種類	吸う息〔%〕	はく息〔%〕
窒素	76.02	76.50
（　①　）	20.95	16.40
（　②　）	0.03	4.10
その他	3.00	3.00

 文章記述 (8) 血管dを流れる血液は，血管cを流れる血液と比べてどのような特徴があるか。(7)で答えた気体の名称を使って簡単に説明しなさい。(6点)

(9) 細胞に酸素をわたすしくみを説明した次の文の（　）にあてはまるものを，下のア～エから1つ選び，記号で答えなさい。(6点)

毛細血管から酸素を（　）がしみ出て，細胞に酸素を渡す。

ア　運んできた赤血球　　　イ　結びつけたヘモグロビン

ウ　運んできた白血球　　　エ　ふくむ血しょう

(1)		(2)		(3)	
(4)		(5)		(6)	
(7)	①		②		
(8)				(9)	

入試に出る! ❸ 右の図は，ヒトの耳と目の断面を模式的に示したものである。次の問いに答えなさい。(佐賀県)

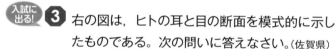

(1) BはAの振動を伝える部分である。この部分の名称を答えなさい。(5点)

(2) 音や光の刺激を受けとり，神経を伝わる信号に変える細胞をふくむ部分を，A～Fの中から2つ選び，記号で答えなさい。(5点　完答)

(3) 次の経路は，耳や目が刺激を受けとり，それに反応して運動を起こすまでの信号の伝わり方を示している。（　①　）～（　③　）にあてはまることばの組み合わせとしてもっとも適切なものを，右のア～カから1つ選び，記号で答えなさい。(5点)

	①	②	③
ア	運動神経	脳やせきずい	筋肉
イ	運動神経	筋肉	脳やせきずい
ウ	脳やせきずい	筋肉	運動神経
エ	脳やせきずい	運動神経	筋肉
オ	筋肉	運動神経	脳やせきずい
カ	筋肉	脳やせきずい	運動神経

【経路】

刺激→感覚器官→感覚神経→（　①　）→（　②　）→（　③　）→反応

(4) 熱いものにうっかり手がふれると，思わず手を引っこめるという運動が起こる。このように刺激に対して意識とは関係なく起こる反応は，目でも起こる。明るいところから暗いところに入ったときに起こるこの反応で動く部分としてもっとも適切なものを，D～Fから1つ選び，記号で答えなさい。また，選んだ部分の名称を書きなさい。(5点×2)

(1)		(2)		(3)	
(4)	記号			名称	

1 圧力・大気圧

STEP 1 要点チェック

テスト1週間前から確認！

1 圧力 おぼえる！

① **圧力**：面を垂直におす**単位面積あたりの力の大きさ**。力の大きさが同じでも，力がはたらく面の面積がちがうと圧力の大きさは変わる。
　　　└1m²や1cm²

ポイント

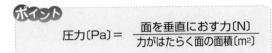

$$圧力〔Pa〕= \frac{面を垂直におす力〔N〕}{力がはたらく面の面積〔m²〕}$$

- **圧力と力**…力がはたらく面の面積が一定のとき，**圧力**は，はたらく力の大きさに**比例する**。
- **圧力と面積**…はたらく力が一定のとき，**圧力**は，力がはたらく面積に**反比例する**。

② **圧力の単位**：**パスカル**（記号：**Pa**）。N/m²（ニュートン毎平方メートル）も用いられる。
　 $1\,Pa = 1\,N/m²$

2 大気圧

① **大気圧**（気圧）：地球の表面にある**空気の重さによる圧力**。

② **大気圧の単位**：**ヘクトパスカル**（記号：**hPa**）。
　 $1\,hPa = 100\,Pa$

③ **大気圧の大きさ**：海面での平均した大気圧を**1気圧**という。
　 $1気圧 = 1013\,hPa$
　 大気圧は，その地点の上空にある大気の重さによって決まるので，高い地点ほど小さい。

④ **大気圧のはたらき**
　 大気とふれている**物体に対してあらゆる方向から**はたらく。

▼ 大気圧

山頂
640hPa

1013hPa

海面

テストの 要点 を書いて確認

別冊解答 P.15

☐ にあてはまることばや記号を書こう。

● 圧力

・面を垂直におす単位面積あたりの力の大きさを ① ☐ という。

・圧力 ── 面を垂直におす ② ☐
　　　　　力がはたらく面の ③ ☐

　で求めることができる。

・圧力の単位の記号は ④ ☐ である。

● 圧力と面積

・面にはたらく力の大きさが一定のとき

三角フラスコ

スポンジ

力がはたらく
面積が小さい

↓

圧力は
⑤ ☐

力がはたらく
面積が大きい

↓

圧力は
⑥ ☐

STEP
2
基本問題

テスト
5日前
から確認!

別冊解答 P.15

得点

／100点

1 圧力について，次の問いに答えなさい。

(1) 圧力の単位はふつうどのような単位の記号を使うか。(10点)

[   ]

(2) 圧力を求める右の公式の
□ にあてはまることば
を書きなさい。(10点)

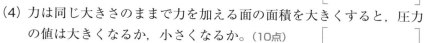

圧力 ＝ 面を垂直におす力〔N〕／力がはたらく面の□〔m²〕

[   ]

(3) 接する面積は一定のままで物体に加える力の大きさを大きくすると，圧力の値は大きくなるか，小さくなるか。(10点)

[   ]

(4) 力は同じ大きさのままで力を加える面の面積を大きくすると，圧力の値は大きくなるか，小さくなるか。(10点) [   ]

(5) 地球の表面にある空気の重さによる圧力のことを何というか。(10点)

[   ]

(6) (5)の圧力で使われる単位は何か，記号で答えなさい。(10点)

[   ]

1
(1)(6) 圧力の単位はパスカルやニュートン毎平方メートル，空気の重さによる圧力の単位はヘクトパスカルを使う。
(3)(4) 圧力は，はたらく力の大きさに比例し，力がはたらく面の面積に反比例する。

2 右の図のような縦5cm，横2cm，高さ4cmの直方体を，スポンジの上に置いた。次の問いに答えなさい。

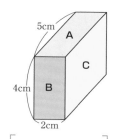

5cm
A
C
4cm
B
2cm

(1) スポンジのへこみ方がもっとも小さいのは，どの面を下にしたときか。A〜Cの中から1つ選び，記号で答えなさい。(15点)

[   ]

(2) A面を下にしたときの，圧力の大きさは何Paか，求めなさい。ただし，直方体にはたらく重力を6Nとする。(15点) [   ]

2
(1) スポンジのへこみの大きさは，物体による圧力の大きさを表す。圧力が小さいときは，へこみが小さい。
(2) 圧力〔Pa〕＝面を垂直におす力〔N〕÷力がはたらく面の面積〔m²〕
面積の単位はm²であることに注意する。

3 右の図のように，注射器の中に，空気と発泡ポリスチレンの立方体を入れた。その後，注射器のピストンを右におした。このとき，発泡ポリスチレンの立方体はどのようになるか。次のア〜エから適切なものを1つ選び，記号で答えなさい。
(10点)

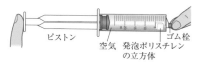

ピストン
空気
発泡ポリスチレンの立方体
ゴム栓

[   ]

ア　立方体の左側がへこむ。　　イ　立方体の左側と右側がへこむ。
ウ　変化しない。　　　　　　　エ　同じ形のまま小さくなる。

3
ピストンをおすと，ピストンの中の気圧が大きくなる。このとき，空気の圧力は，あらゆる向きに同じ大きさではたらく。

STEP
3
得点アップ問題

テスト
3日前
から確認!

別冊解答 P.15

得点

／100点

1 右の図のように，直方体の物体をスポンジの上に置いたところ，スポンジが受ける圧力は2000Paであった。次の問いに答えなさい。

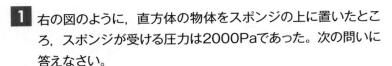

5cm　4cm
B
6cm
C　A
スポンジ

(1) 物体がスポンジをおす力の大きさは，**A**面を下にしたときと，**B**面を下にしたときと，**C**面を下にしたときではそれぞれちがうか，同じか，書きなさい。(7点)

(2) 物体がスポンジをおす力は何Nか。(7点)

よく
でる

(3) スポンジが受ける圧力がもっとも小さくなるのは，**A**〜**C**のどの面を下にしたときか。(7点)

(4) 図の状態で物体を真上から5Nの力でおした。スポンジが受けた圧力は何Paか。(7点)

(1)		(2)		(3)	
(4)					

2 右の図のように，鉛筆を親指と人さし指ではさんでもち，0.1Nの力でおした。次の問いに答えなさい。ただし，鉛筆の先端の断面積は0.01cm²，親指側の断面積は0.5cm²で，鉛筆の重さは無視できるものとする。

(1) 親指と人さし指には同じ0.1Nの力がはたらいているが，痛さがちがう。どちらの指のほうが痛いか。(6点)

(2) 親指にはたらく圧力は何Paか。(6点)

(3) 鉛筆の先端にはたらく圧力は，鉛筆の親指側にはたらく圧力の何倍か。(6点)

(1)		(2)		(3)	

3 右の図のように，4500kgのゾウが4本あしで立っている。これについて，次の問いに答えなさい。ただし，質量100gの物体にはたらく重力の大きさを1Nとし，ゾウの1本のあしの裏の面積を1000cm²とする。また，4本のあしの裏にはたらく力の大きさはすべて等しいものとする。

(1) ゾウが地面におよぼす力の大きさは何Nか。(6点)

(2) ゾウが地面におよぼす圧力は何Paか。(6点)

(3) ゾウがあしを1本上げた。このときゾウが地面におよぼす圧力は何Paか。(6点)

(1)		(2)		(3)	

4 右の図のような底面積が25cm²，ふたの部分の面積が5cm²で，質量が100gのびんを使い，質量やびんののせ方を変えてスポンジのへこみ方を調べる実験を行った。次の問いに答えなさい。

ふた5cm²

びん

底面積
25cm²

（1）びんとスポンジが接する面積とスポンジのへこみ方は，どのような関係にあるか。次のア～ウから1つ選び，記号で答えなさい。（6点）

ア　接する面積が大きいほどへこみ方が大きい。

イ　接する面積が小さいほどへこみ方が大きい。

ウ　接する面積とへこみ方には関係はない。

（2）スポンジのへこみ方がいちばん大きいのはどのようなときか。次のア～エから1つ選び，記号で答えなさい。（6点）

ア　びんは空で，びんの底を下にしてスポンジにのせたとき。

イ　びんに水を500g入れ，びんの底を下にしてスポンジの上にのせたとき。

ウ　びんは空で，びんのふたを下にしてスポンジの上にのせたとき。

エ　びんに水を100g入れ，びんのふたを下にしてスポンジの上にのせたとき。

(1)		(2)	

5 右の図のような菓子袋をもって，山に登った。次の問いに答えなさい。

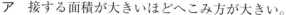

（1）山の頂上に着いたとき，菓子袋はどのようになったか。次のア～ウから1つ選び，記号で答えなさい。（5点）

ア　ふくらんだ。　　イ　つぶれた。　　ウ　変わらない。

文章記述（2）（1）のようになった理由を，大気圧ということばを使って説明しなさい。（7点）

(1)	
(2)	

6 アルミニウムでできた空き缶に少量の水を入れて加熱し，空き缶の中の水を沸騰させたあと，すぐに空き缶の口をガムテープでふさぎ，密閉した。次の問いに答えなさい。

（1）空き缶の口を密閉したあと，そのまま放置し缶を冷やした。缶はどうなるか。簡単に書きなさい。（6点）

（2）空き缶が（1）のようになる理由を，次のア～エの中から1つ選び，記号で答えなさい。（6点）

ア　缶の中の空気の温度が，缶の外の空気より上がったため。

イ　缶の中の空気の温度が，缶の外の空気より下がったため。

ウ　缶の中の空気の気圧が，缶の外の空気より高くなったため。

エ　缶の中の空気の気圧が，缶の外の空気より低くなったため。

(1)		(2)	

2 気象の観測

STEP 1 要点チェック

テスト1週間前から確認!

1 気象の観測

① **気象要素**：気温，湿度，気圧，風向，風力，風速，雲量など。

● 気温…地上から1.5mの高さのところで，球部に直射日光が当たらないようにしてはかる。

● 湿度…乾湿計の乾球の示度と湿球の示度の差をもとに湿度表から読みとる。
└気温を表している。

● 風向…風のふいてくる方位で表す。
└16方位

● 風力…風力階級0～12で表す。

● 雲量…空全体を10としたときに，雲がおおっている割合。
└雨や雪が降っていない場合，雲量で天気を判断する。
　　　0～1：快晴，2～8：晴れ，9～10：くもり

② **天気図**：気象要素を，記号を使って地図上に記入したもの。

● 天気図記号…天気，風向，風力を表す記号。

● 等圧線…気圧が等しい地点を結んだ曲線。
　　　　　1000hPaを基準に4hPaごとに
　　　　　引き，20hPaごとに太くする。

▼ 湿度表

乾球の示度〔℃〕	乾湿球の示度の差〔℃〕				
	0.0	0.5	1.0	1.5	2.0
15	100	94	89	84	78
14	100	94	89	83	78
13	100	94	88	82	77
12	100	94	88	82	76
11	100	94	87	81	75
10	100	93	87	80	74
9	100	93	86	80	73

乾球が10℃のとき湿球が8℃のとき示度の差は2℃よって，湿度は74%

▼ 天気図

15日18時

天気図記号

北東の風・風力4・天気晴れ

風向　風力

天気

2 気圧と風

① **気圧と風**：風は気圧の高いところから低いところへふく。
└等圧線の間隔がせまいほど，強い風がふく。

② **高気圧・低気圧と風** おぼえる!

● 高気圧…まわりよりも気圧が高いところ。
　中心付近では**下降気流**が生じ，**時計**まわりに風がふき出す。
　中心付近では晴れることが多い。

● 低気圧…まわりよりも気圧が低いところ。
　中心付近では**上昇気流**が生じ，**反時計**まわりに風がふきこむ。
　中心付近はくもりや雨になることが多い。

▼ 高気圧・低気圧と風

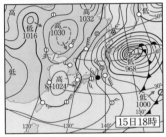

下降気流　上空の気流　上昇気流

地上付近の風向

高気圧　　　　低気圧

テストの 要点 を書いて確認

別冊解答 P.17

□にあてはまることばや数値を書こう。

● 雲量と天気

雲量	①	②	③
天気	快晴	晴れ	くもり

● 高気圧の中心付近から ④□ まわりに風がふき出し，低気圧の中心付近に ⑤□ まわりに風がふきこむ。

STEP
2
基本問題

テスト
5日前
から確認!

別冊解答 P.17

得点
／100点

1 下の図は乾湿計のようす，表は湿度表の一部を示したものである。あとの問いに答えなさい。

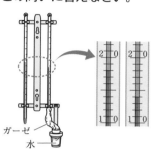

ガーゼ
水

乾球の示度〔℃〕	乾湿球の示度の差〔℃〕					
	0	1	2	3	4	5
19	100	90	81	72	63	54
18	100	90	80	71	62	53
17	100	90	80	70	61	51
16	100	89	79	69	59	50
15	100	89	78	68	58	48
14	100	89	78	67	57	46
13	100	88	77	66	55	45

(1) このときの気温は何℃か。(8点)
[　　　　]

(2) このときの湿度を求めなさい。(8点)
[　　　　]

2 下の天気図記号が表す風向，風力，天気を答えなさい。(8点×3)

風向 [　　　　]
風力 [　　　　]
天気 [　　　　]

3 右の図は，北半球のある地点で，気圧の等しい地点を曲線で結んだものである。次の問いに答えなさい。

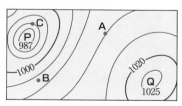

(1) 右の図の曲線を何というか。(8点)
[　　　　]

(2) A，B地点の気圧はそれぞれ何hPaか。(8点×2)
A [　　　　]　　　B [　　　　]

(3) A〜C地点のうち，風がもっとも強いと考えられる地点はどこか。
(6点) [　　　　]

(4) P，Qをそれぞれ何というか。(8点×2)
P [　　　　]　　　Q [　　　　]

(5) P，Q付近のようすを次のア〜カからすべて選び，記号で答えなさい。
(7点×2) P [　　　　]　　　Q [　　　　]

ア 上昇気流が生じている。　　　イ 下降気流が生じている。
ウ 時計まわりに風がふきこむ。
エ 反時計まわりに風がふきこむ。
オ 時計まわりに風がふき出す。
カ 反時計まわりに風がふき出す。

1 この乾湿計の左側は乾球，右側のガーゼにつつまれたほうは湿球である。乾球の示す温度は気温を示している。

2 天気図記号は，矢ばねの向きで風向，矢ばねの数で風力を表す。

3 (2) 等圧線は 4hPa ごとに引かれている。
(3) 等圧線の間隔がせまいほど，強い風がふく。
(4) P はまわりよりも気圧が低く，Q はまわりよりも気圧が高い。
(5) 北半球では，低気圧の中心付近では上昇気流が生じ，反時計まわりに風がふきこむ。高気圧の中心付近では下降気流が生じ，時計まわりに風がふき出す。

STEP 3 得点アップ問題

テスト 3日前 から確認!

別冊解答 P.17

得点　　／100点

よくでる **1** ある日，校庭で気象の観測をすると，次のような結果が得られた。あとの問いに答えなさい。

<結果>

1　近くの旗を真上から見たところ，図1のように旗がたなびいていた。

2　校庭の樹木を観察すると，木の葉や細い小枝が，たえず動いていた。この結果から考えて，このときの風力は3と判断した。

3　空を見上げると，図2のように半分以上が雲でおおわれていた。

4　百葉箱の中の乾湿計を見ると，図3のような示度であった。

図1

図2

図3

表

乾球の示度〔℃〕	乾湿球の示度の差〔℃〕				
	2	3	4	5	6
20	81	72	64	56	48
19	81	72	63	54	46
18	80	71	62	53	44
17	80	70	61	51	43
16	79	69	59	50	41
15	78	68	58	48	39
14	78	67	56	46	37
13	77	66	55	45	34
12	76	64	53	42	32
11	75	63	52	40	29

(1) 百葉箱の中にある乾湿計は，地上から何mの位置に設置されているか。(6点)

作図 (2) <結果>から考えて，気象の観測をしたときの天気図記号を，右の図にかきなさい。(10点)

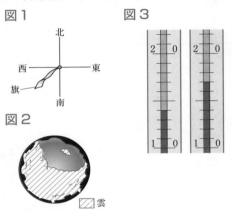

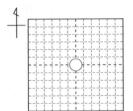

(3) <結果>と表から，気象の観測をしたときの気温と湿度をそれぞれ答えなさい。(8点×2)

(4) 1日の気温や湿度の変化について適切ではないものを，次のア～エから1つ選び，記号で答えなさい。(3点)

ア　晴れた日には，太陽の熱によってあたためられた地面が空気をあたためるため，昼過ぎに気温が最高になる。

イ　晴れの日には，気温が上がると湿度が下がり，気温が下がると湿度が上がる。

ウ　くもりや雨の日には，太陽が雲にさえぎられるので，気温があまり上昇しない。

エ　くもりや雨の日の夜には，気温がしだいに低くなり，日の出ごろに最低になる。

(1)		(2)	図にかく。		
(3)	気温	湿度		(4)	

難 **2** 右の図は，ある日の日本付近の天気図である。次の問いに答えなさい。

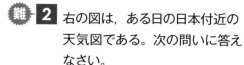

(1) 右の図で，気圧の等しい地点を結んだ曲線を何というか。

(6点)

(2) 1気圧とは約何hPaか。(6点)

(3) b地点の気圧を答えなさい。(8点)

(4) a〜d地点のうち，もっとも強い風がふいていると考えられるのは，どの地点か。(4点)

(5) (4)で答えた理由を簡単に説明しなさい。(10点)

(6) b〜d地点のうち，風向が南と考えられるのは，どの地点か。(4点)

(7) A，Bのうち，高気圧はどちらか。(3点)

(8) A，Bでは，それぞれ何という気流が生じているか。(6点×2)

(9) A，Bの地表付近の風のようすはどのようになっているか。次のア〜エから適切なものを1つずつ選び，記号で答えなさい。(3点×2)

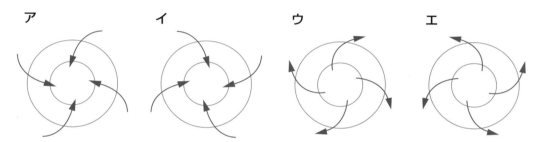

ア　　　　　イ　　　　　ウ　　　　　エ

(10) A，B付近の天気はどのようになっていると考えられるか。次のア〜エから適切なものを1つ選び，記号で答えなさい。(3点)

ア　A付近もB付近も晴れていると考えられる。

イ　A付近もB付近もくもりか雨と考えられる。

ウ　A付近は晴れているが，B付近はくもりか雨と考えられる。

エ　A付近はくもりか雨であるが，B付近は晴れていると考えられる。

(11) 標高と気圧の関係について説明した，次のア〜ウから適切なものを1つ選び，記号で答えなさい。(3点)

ア　標高が高いほど，気圧は高くなる。

イ　標高が高いほど，気圧は低くなる。

ウ　気圧の高さは，標高とは関係がない。

(1)		(2)		(3)		(4)	
(5)							
(6)		(7)		(8) A			B
(9) A		B		(10)		(11)	

3 前線と天気の変化

STEP 1 要点チェック

テスト1週間前から確認！

1 気団と前線

① **気団**：気温や湿度がほぼ一様な空気のかたまり。
　└冷たい空気からなる寒気団と、あたたかい空気からなる暖気団がある。

② **前線のつくり** おぼえる！

● **前線面**…性質の異なる**気団がぶつかってできる境の面**。

● **前線**…**前線面が地表面と交わるところ**。

● **寒冷前線**…寒気が暖気の下にもぐりこんで、暖気をおし上げるようにして進む。

● **温暖前線**…暖気が寒気の上にはい上がり、寒気をおしながら進む。

● **停滞前線**…寒気と暖気の勢力がほぼ同じで、ほとんど動かない。

● **閉そく前線**…寒冷前線が温暖前線に追いついたときにできる。
　└寒冷前線のほうが温暖前線より速く進む。

▼ 前線の記号

前線	記号	進行方向
温暖前線		↑
寒冷前線		↓
停滞前線		
閉そく前線		↑

2 前線と天気

① 前線と天気の変化

● **寒冷前線と天気の変化**…**積乱雲**などが発達し、
　└上にのびる雲が発達する。
せまい範囲に激しい雨を短時間に降らせる。
前線通過後は、北よりの風がふき、寒気におおわれ気温が下がる。

● **温暖前線と天気の変化**…**乱層雲**などが発達し、
　└横に広がる雲が発達する。
広い範囲におだやかな雨を長時間降らせる。
前線通過後は、南よりの風がふき、暖気におおわれ気温が上がる。

② **日本付近の天気の変化**：低気圧や移動性高気圧は、西から東へ移動するため、天気は西から東へと変わる。
　└日本の上空に偏西風とよばれる強い西よりの風がふいているため。

▼ 寒冷前線の断面

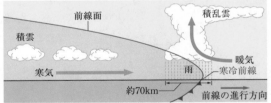

▼ 温暖前線の断面

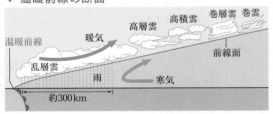

テストの 要点 を書いて確認

別冊解答 P.18

□ にあてはまることばを書こう。

● 前線

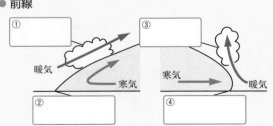

● 前線と天気

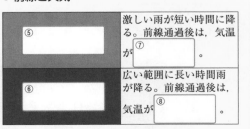

⑤ ［　　　］ 激しい雨が短い時間に降る。前線通過後は、気温が⑦［　　　］。

⑥ ［　　　］ 広い範囲に長い時間雨が降る。前線通過後は、気温が⑧［　　　］。

STEP
2
基本問題

テスト
5日前
から確認!

別冊解答 P.18

得点

／100点

第3章
3
前線と天気の変化

1 次の前線について，あとの問いに答えなさい。

A 寒冷前線　B 温暖前線　C 停滞前線　D 閉そく前線

(1) A〜Dの前線のでき方を，次のア〜エから1つずつ選び，記号で答えなさい。(5点×4)

A[　　　]　B[　　　]　C[　　　]　D[　　　]

ア 寒冷前線が温暖前線に追いついてできる。
イ 寒気と暖気の勢力がほぼ同じときにできる。
ウ 暖気が寒気の上にはい上がってできる。
エ 寒気が暖気の下にもぐりこみ，暖気をおし上げてできる。

(2) A〜Dの前線を，次のア〜エから1つずつ選び，記号で答えなさい。
(5点×4) A[　　　]　B[　　　]　C[　　　]　D[　　　]

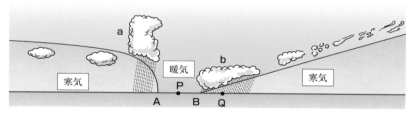

ア　　　　　イ　　　　　ウ　　　　　エ

2 下の図は，寒冷前線と温暖前線の断面と前線付近にできる雲のようすを表したものである。あとの問いに答えなさい。

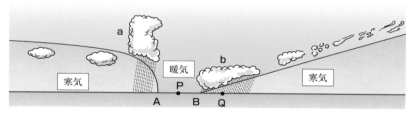

(1) A，Bの前線の名称をそれぞれ答えなさい。(6点×2)

A[　　　　　　]　　B[　　　　　　]

(2) a，bの雲の名称をそれぞれ答えなさい。(6点×2)

a[　　　　　]　　b[　　　　　]

(3) 前線が通過すると，P地点とQ地点の気温はそれぞれどうなるか。
(6点×2)　P地点[　　　　　]　　Q地点[　　　　　]

3 次の文は，日本付近の天気を説明したものである。(　)にあてはまる方位を東西南北からそれぞれ答えなさい。(6点×4)

①[　　　] ②[　　　] ③[　　　] ④[　　　]

低気圧や移動性高気圧が（ ① ）から（ ② ）へ移動することが多いので，天気も（ ③ ）から（ ④ ）へ変わることが多い。

1
(1) 寒冷前線は，寒気の勢力が強いときにできる。温暖前線は，暖気の勢力が強いときにできる。

2
(1) 寒冷前線の前線面は傾きが急であるが，温暖前線の前線面は傾きがゆるやかである。
(2) aの雲は激しい上昇気流によってできるが，bの雲はおだやかな上昇気流によってできる。
(3) 寒気と暖気のどちらにおおわれるか考える。

3
低気圧や移動性高気圧によって，天気が変化する。

得点アップ問題

テスト
3日前
から確認！

別冊解答 P.19

得点

／100点

1 右の図は、ある日の午前6時の日本付近の天気図である。次の問いに答えなさい。

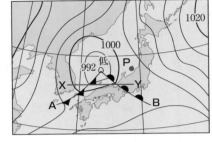

(1) 右の図に見られる低気圧を何というか。(6点)

(2) (1) の低気圧は、何とよばれる前線がもとになってできるか。(6点)

(3) 低気圧の中心からのびる**A**, **B**の前線をそれぞれ何というか。(6点×2)

(4) **A**, **B**の前線付近ではどのような雲が見られるか。次のア～エから1つずつ選び、記号で答えなさい。(5点×2)

　　ア　巻雲　　イ　乱層雲　　ウ　層雲　　エ　積乱雲

(5) **X－Y**の断面での空気のようすとして適切なものを、次のア～エから1つ選び、記号で答えなさい。(5点)

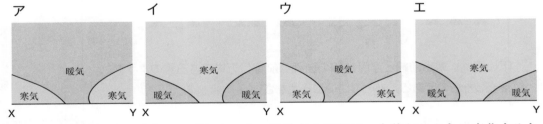

(6) **P**地点は午前6時の時点では晴れていた。**P**地点の天気は、今後どのように変化すると考えられるか。次のア～エを順に並べかえなさい。(6点)

　　ア　雨がやみ、気温が下がる。　　　　イ　雨がやみ、気温が上がる。
　　ウ　激しいにわか雨が降る。　　　　　エ　雲がだんだん厚くなり、雨が降り始める。

(7) 時間がたつと、**A**, **B**の前線は新しい前線に変わる。この前線を、次のア～エから1つ選び、記号で答えなさい。(5点)

(8) (7) の前線のでき方を簡単に説明しなさい。(10点)

(1)		(2)	
(3)	**A**	**B**	
(4)	**A**	**B**	(5)
(6)	→ 　 → 　 →		(7)
(8)			

難 **2** 右のグラフは，ある地点における，ある日の気温と気圧の変化を表したものである。この日，この地点を寒冷前線と温暖前線が通過した。次の問いに答えなさい。

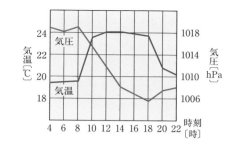

（1）寒冷前線と温暖前線が通過したのはそれぞれ何時から何時の間か。次のア〜カから１つずつ選び，記号で答えなさい。（6点×2）

　　ア　6時から8時　　　イ　8時から10時　　　ウ　10時から12時

　　エ　16時から18時　　オ　18時から20時　　　カ　20時から22時

（2）この日の4時から22時の風向，風力，天気の変化を天気図記号で表すと，どのようになるか。次のア〜エから１つ選び，記号で答えなさい。（6点）

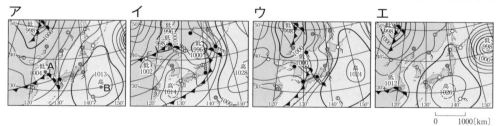

時刻〔時〕	4	6	8	10	12	14	16	18	20	22
ア										
イ										
ウ										
エ										

（1）	寒冷前線		温暖前線		（2）	

3 下の図は，ある日の6時から12時間ごとに作成された天気図である。あとの問いに答えなさい。

ア　　　　　　　イ　　　　　　　ウ　　　　　　　エ

0　　　1000〔km〕

（1）時間の経過の順に，ア〜エを並べなさい。（6点）

（2）図のA，Bの動きから，低気圧や移動性高気圧は1日におよそ何km移動すると考えられるか。次のa〜dから1つ選び，記号で答えなさい。（6点）

　　a　50〜100km　　　b　200〜300km　　　c　1000〜2000km　　　d　2000〜3000km

 文章記述 （3）日本付近の天気は一般にどのように変化するといえるか。簡単に説明しなさい。（10点）

（1）	→　　　→　　　→	（2）	
（3）			

4 大気の動き

STEP 1 要点チェック

テスト
1週間前
から確認!

1 地球規模の大気の動き

① **大気**…地球をとりまいている空気の層を**大気**という。

② **地球規模の大気の動き** おぼえる!

● **大気の対流**…一定の面積が受ける太陽の光の量は，**赤道付近が多く，極地方が少ない。** このため，緯度によって大気の温度差が生じ，**大気が対流する。**
へんせいふう └赤道付近に上昇気流が生じ，極地方に下降気流が生じる。

● **偏西風**…中緯度の上空にふく，**西から東へ向かって，地球を1周するような大気の動き**のこと。

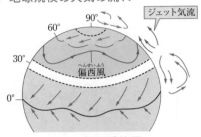

▼ 地球規模の大気の流れ

ジェット気流

偏西風

2 陸と海の間の大気の動き おぼえる!

① **季節風**…季節に特有の風を**季節風**という。

● **地面と海面のあたたまり方**…**地面はあたたまりやすく冷めやすいが，海面はあたたまりにくく冷めにくい。**
└水は岩石に比べて，あたたまりにくく冷めにくい性質がある。

● **冬の季節風**…冬は，ユーラシア大陸が冷え，太平洋のほうがあたたかくなるため，**ユーラシア大陸上に高気圧，太平洋上に低気圧**
└空気の密度は，あたためられると小さくなり，冷やされると大きくなる。
ができる。このため，日本付近では**北西の季節風**がふく。

● **夏の季節風**…夏は，ユーラシア大陸があたたまり，太平洋のほうが冷たくなるため，**ユーラシア大陸上に低気圧，太平洋上に高気圧**ができる。このため，日本付近では**南東の季節風**がふく。

② **海陸風**

● **海風**…日中，海岸地方で，**海上から陸上へ向かってふく風**を**海風**という。日中は陸上の気温が海上よりも高くなるため，**陸上の気圧が海上よりも低くなり，** 海上から陸上へ向かって海風がふく。

● **陸風**…夜間，海岸地方で，**陸上から海上へ向かってふく風**を**陸風**という。夜間は陸上の気温が海上よりも低くなるため，**陸上の気圧が海上よりも高くなり，** 陸上から海上へ向かって陸風がふく。

▼ 冬の季節風

冬

高気圧

低気圧

北西の季節風

▼ 夏の季節風

夏

低気圧

高気圧

南東の季節風

▼ 海風

昼　陸　海風　海

高温　　低温

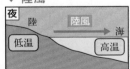

▼ 陸風

夜　陸　陸風　海

低温　　高温

テストの 要点 を書いて確認

別冊解答 P.19

□ にあてはまることばを書こう。

● 海陸風

日中，海岸地方で海上から陸上へ向かってふく風を ① ［　　　　　］，

夜間，海岸地方で陸上から海上へ向かってふく風を ② ［　　　　　］という。

1 地球をとりまく大気について，次の問いに答えなさい。(10点×4)

(1) 受けとる太陽の光の量について適切なものを，次のア〜ウから1つ選び，記号で答えなさい。 [ ]

　ア　赤道付近で多く，極地方で少ない。

　イ　赤道付近で少なく，極地方で多い。

　ウ　地球上では，受けとる太陽の光の量はすべて同じになる。

(2) 上昇気流が生じているのは，赤道付近，極地方のどちらか。 [ ]

(3) 地上近くでは，低緯度→高緯度，高緯度→低緯度のどちらの向きに風がふいているか。 [ ]

(4) 日本の上空でふいていて，日本の天気に影響をあたえる風は何か。 [ ]

1
(1) 太陽の光が当たる角度が直角に近いほど，たくさんの光を受けとる。
(2) 上昇気流は，大気があたためられたときに生じる。
(3) 上空での風の向きと逆になる。

第3章 **4** 大気の動き

2 陸と海の間の大気の動きについて，次の問いに答えなさい。(10点×4)

(1) 季節に特有の風を何というか。 [ ]

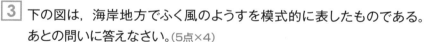

(2) あたたまりやすく冷めやすいのはA，Bのどちらか。 [ ]

(3) 夏に高気圧ができるのはA，Bのどちらか。 [ ]

(4) 日本付近での夏に特有の風の風向を答えなさい。 [ ]

2
(2) 地面はあたたまりやすく冷めやすい。海面はあたたまりにくく冷めにくい。
(3) あたたまりやすいところには上昇気流が起き，低気圧ができる。あたたまりにくいところには下降気流が起き高気圧ができる。

3 下の図は，海岸地方でふく風のようすを模式的に表したものである。あとの問いに答えなさい。(5点×4)

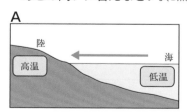
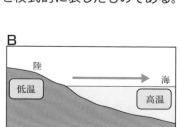

(1) A，Bの風をそれぞれ何というか。

　　A [ ]　B [ ]

(2) A，Bのような風がふくのは，日中，夜間のどちらか。

　　A [ ]　B [ ]

3
(2) 日中は，陸上のほうが海上よりも気圧が低くなる。夜間は，陸上のほうが海上よりも気圧が高くなる。

STEP **3** **得点アップ問題**

テスト **3日前** から確認！

得点 ／100点

難 **1** 次の文は，地球規模の大気の動きについて説明したものである。あとの問いに答えなさい。

> 一定の面積が受ける太陽の光の量が（　①　）赤道付近の大気の温度は，極地方よりも（　②　）。このため，赤道付近では（　③　）気流，極地方では（　④　）気流が生じる。大気は，これらの気流をつなぐような形で，地球規模で循環している。

(1) 上の文の（　　）にあてはまることばをそれぞれ答えなさい。（6点×4）

(2) 大気の動きに影響しているのは，おもに何のエネルギーか。（6点）

(3) 下線部の大気の動きについて適切なものを，次のア～エから1つ選び，記号で答えなさい。

（6点）

ア　地表に近いところでは，東から西へ動いている。
イ　地表に近いところでは，西から東へ動いている。
ウ　地表に近いところでは，低緯度から高緯度へ動いている。
エ　地表に近いところでは，高緯度から低緯度へ動いている。

文章記述 (4) 日本付近では，低気圧や移動性高気圧は，西から東へ移動することが多い。その理由を簡単に説明しなさい。（6点）

(1)	①		②		③		④	
(2)					(3)			
(4)								

よくでる **2** 右の図は，ある季節風のようすを模式的に表したものである。次の問いに答えなさい。

(1) 右の図の季節風の風向を答えなさい。（4点）

(2) 右の図のような季節風がふく季節を答えなさい。（4点）

(3) A，Bは，それぞれ高気圧，低気圧のどちらを表しているか。（4点×2）

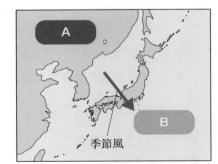
季節風

(1)		(2)	
(3)	A		B	

3 陸と海の間で風が発生するしくみについて調べるため，次の実験を行った。これについて，あとの問いに答えなさい。

図1

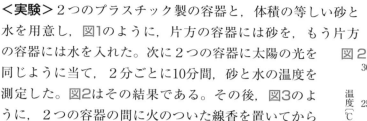

（京都府改）

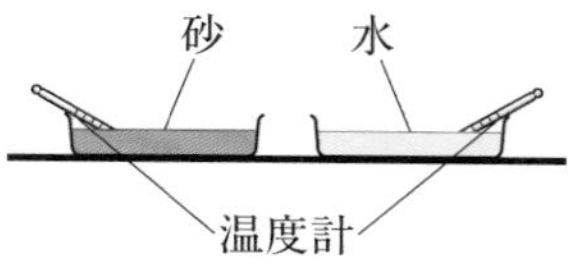

＜実験＞2つのプラスチック製の容器と，体積の等しい砂と水を用意し，図1のように，片方の容器には砂を，もう片方の容器には水を入れた。次に2つの容器に太陽の光を同じように当て，2分ごとに10分間，砂と水の温度を測定した。図2はその結果である。その後，図3のように，2つの容器の間に火のついた線香を置いてから水槽をかぶせ，線香の煙の動きを観察した。

図2

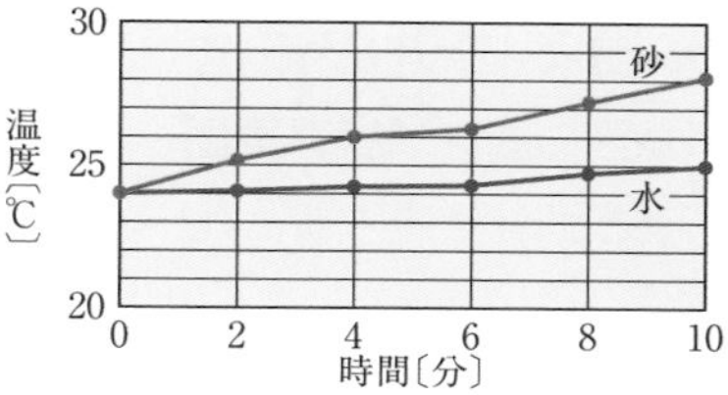

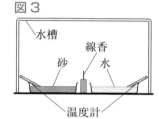

(1) 同じように太陽の光を当てたとき，あたたまりやすいのは砂と水のどちらか。(6点)

(2) 図3での線香の煙の動きのようすとして適切なものを，次のア〜エから1つ選び，記号で答えなさい。(6点)
　　ア　煙は，砂の上付近では上昇し，水の上付近では下降する。
　　イ　煙は，砂の上付近では下降し，水の上付近では上昇する。
　　ウ　煙は，砂の上付近，水の上付近ともに上昇する。
　　エ　煙は，砂の上付近，水の上付近ともに下降する。

図3

(3) (2)より，砂の上と水の上では，気圧が低いのはどちらであると考えられるか。(6点)

(4) この実験のように太陽の光が当たっているときには，下のほうでは，砂の上，水の上のどちらからどちらに向かって空気が動くと考えられるか。(6点)

(5) (4)は，日本付近におけるどの季節の季節風がふくときの空気の動きと同じか。(6点)

(1)		(2)	
(3)		(4)	
(5)			

4 右の図は，海岸地方でふく風のようすを模式的に示したものである。次の問いに答えなさい。

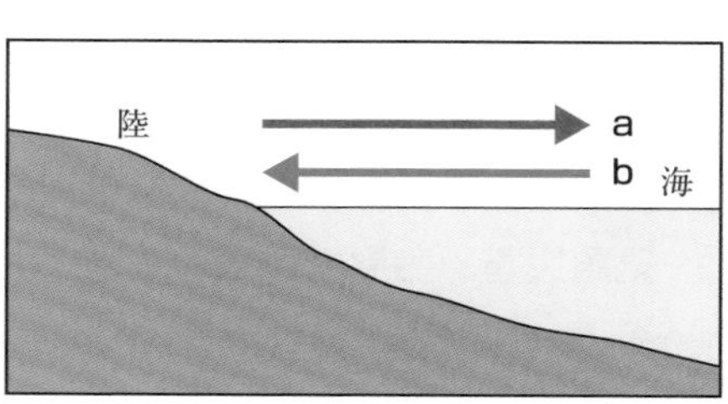

(1) 陸上と海上の気圧について適切なものを，次のア〜エから1つ選び，記号で答えなさい。(4点)
　　ア　いつも陸上のほうが海上よりも気圧が高い。
　　イ　いつも陸上のほうが海上よりも気圧が低い。
　　ウ　日中は陸上のほうが気圧が高いが，夜間は陸上のほうが気圧が低い。
　　エ　日中は陸上のほうが気圧が低いが，夜間は陸上のほうが気圧が高い。

(2) 日中と夜間には，a，bどちらの向きにそれぞれ風がふいているか。(4点×2)

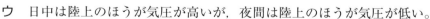

(1)		(2)	日中		夜間	

71

5 日本の天気

STEP 1 要点チェック

テスト1週間前から確認!

1 日本付近の気団

冬には**シベリア気団**，夏には**小笠原気団**，初夏や秋には**オホーツク海気団**が発達する。

▼ 日本付近の気団

2 日本の四季の天気 おぼえる!

① **冬の天気**：冷たく乾燥した**シベリア気団**が発達する。**西高東低**の気圧配置になり，北西の季節風がふく。

▼ 日本海側と太平洋側の冬の天気

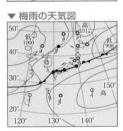

● 日本付近の天気…**日本海側**には**大量の雪**がふり，**太平洋側は乾燥した晴れの日**が続くことが多い。

② **春と秋の天気**：低気圧と移動性高気圧が交互に発生し，西から東へ移動するため，**4～7日の周期で天気が変わる**ことが多い。

③ **梅雨**：オホーツク海気団と小笠原気団の勢力がつり合い，境界線にできた**停滞前線が日本付近に停滞**するため，**雨やくもりの日が続く**。初夏にできる停滞前線を**梅雨前線**，秋の初めにできる停滞前線を**秋雨前線**という。

④ **夏の天気**：**小笠原気団**が勢力を増し，**南高北低**の気圧配置になり，南東の季節風がふき，蒸し暑くなる。

⑤ **台風**：熱帯地方の海上で発生した**熱帯低気圧**のうち，**最大風速が17.2m/s以上に発達したもの**。前線をともなわず，同心円状の等圧線をもつ。大量の雨と強い風をともなう。

▼ 冬の天気図

▼ 梅雨の天気図

▼ 台風の天気図

3 自然の恵みと気象災害

① **自然の恵み**：日本は豊富な**水資源**があるため，美しい**景観**による観光地が多い。

② **気象災害**：台風や**豪雨**などが，大きな被害につながることもある。

テストの **要点** を書いて確認

別冊解答 P.21

☐ にあてはまることばを書こう。

● 日本の天気

冬…① _____ の気圧配置。② _____ の季節風がふく。

春・秋…低気圧と③ _____ が交互に日本にやってくる。

夏…④ _____ の気圧配置。⑤ _____ の季節風がふく。

STEP
2
基本問題

テスト
5日前
から確認!

別冊解答 P.21

得点

／100点

1 右の図は，日本付近の気団を模式的に表したものである。次の問いに答えなさい。

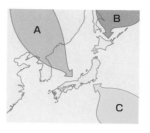

(1) A～Cの名称を答えなさい。(8点×3)

A [　　　　　　　　　]
B [　　　　　　　　　]
C [　　　　　　　　　]

(2) A～Cの気団にはどのような性質があるか。次のア～エから1つずつ選び，記号で答えなさい。(6点×3)

A [　　　　] B [　　　　] C [　　　　]

ア　あたたかくしめっている。　　イ　冷たくしめっている。
ウ　あたたかく乾燥している。　　エ　冷たく乾燥している。

2 日本の天気を説明した次の文の（　　）にあてはまることばを，下のア～ケから1つずつ選び，記号で答えなさい。ただし，同じ記号を何度使ってもよい。(6点×7)

① [　　　] ② [　　　] ③ [　　　] ④ [　　　]
⑤ [　　　] ⑥ [　　　] ⑦ [　　　]

冬は，（　①　）気団の影響を受けて（　②　）の気圧配置となり，日本海側では雪，太平洋側では乾燥した晴れの日が続く。
春や秋には，低気圧や移動性高気圧が，（　③　）によって交互に日本付近を通過するため，天気が周期的に変わる。
初夏には，オホーツク海気団と（　④　）気団の間に（　⑤　）ができ，ぐずついた天気が続く。夏は，（　⑥　）気団の影響を受けて（　⑦　）の気圧配置になり，蒸し暑い日が続く。

ア　小笠原　　　イ　シベリア　　　ウ　オホーツク海
エ　西高東低　　オ　南高北低　　　カ　寒冷前線
キ　温暖前線　　ク　停滞前線　　　ケ　偏西風

3 台風について，次の問いに答えなさい。

(1) 台風はどこで発生するか。次のア～エから1つ選び，記号で答えなさい。(6点)　　　　　　　　[　　　　]

ア　温帯地方の陸上　　イ　温帯地方の海上
ウ　熱帯地方の陸上　　エ　熱帯地方の海上

(2) 台風で発達する雲の種類を答えなさい。(10点)　　[　　　　]

STEP
3

得点アップ問題

テスト
3日前
から確認!

別冊解答 P.21

得点

／100点

1 右の図は，台風が日本に接近しているある日の天気図である。
次の問いに答えなさい。

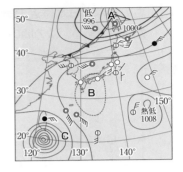

(1) 台風は，**A** ～ **C** のどこにあるか。（3点）

(2) 台風はどのようなところで発生するか。（5点）

(3) 夏の終わりから秋にかけての台風の進路を，次のア～ウから
1つ選び，記号で答えなさい。（3点）

ア　はじめは北西へ向かうが，日本の近くで北東に進路を
変える。

イ　はじめは北東へ向かうが，日本の近くで北西に進路を変える。

ウ　台風によって進路が大きく異なる。

(1)		(2)		(3)	

2 次の文は，日本の冬の天気について説明したものである。あとの問いに答えなさい。

> ユーラシア大陸からふいてくる（　①　）の季節風は，大陸上では冷たく乾燥している
> が，日本海を通る間に大量の（　②　）をふくむようになり，雲が生じる。その後，日
> 本の山脈にぶつかって（　③　）気流となり，季節風によって運ばれてきた雲は（　④　）
> へと発達し，日本海側に（　⑤　）をもたらす。山脈をこえてふき下りてきた風は乾燥
> していて，太平洋側は（　⑥　）の日が続く。

(1) 上の文章の（　）にあてはまることばをそれぞれ書きなさ
い。ただし，①には風向を書きなさい。（4点×6）

(2) 下線部の季節風の原因となる気団は何か。名称を答えなさ
い。（4点）

(3) 右の図は，冬の代表的な天気図である。冬に見られる代表
的な気圧配置を何というか。（4点）

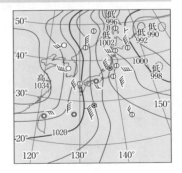

(1)	①		②		③	
	④		⑤		⑥	
(2)			(3)			

3 右の図は，日本の春，夏，冬，梅雨の時期に見られる天気図である。次の問いに答えなさい。

(1) Aの気圧配置を何というか。(4点)

(2) Bに示された前線の名称を，次のア〜エから1つ選び，記号で答えなさい。(3点)
　　ア　寒冷前線　　　イ　温暖前線
　　ウ　停滞前線　　　エ　閉そく前線

(3) 小笠原気団が発達しているのは，A〜Dのどの天気図の時期か。(3点)

(4) 北西の季節風がふくのは，A〜Dのどの天気図の時期か。(3点)

(5) 次の①〜③のような天気の特徴にあてはまる天気図を，A〜Dから1つずつ選び，記号で答えなさい。(3点×3)
　　①　天気が4〜7日の周期で変化する。
　　②　強い日ざしによって昼すぎから夕方に積乱雲が発達し，雷雨になることがある。
　　③　ぐずついた天気が続くことが多い。

文章記述 (6) Dの天気図で示された低気圧や高気圧はどのように移動するか。その原因もふくめ，簡単に説明しなさい。(8点)

A
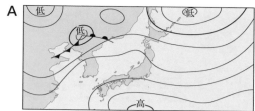

B
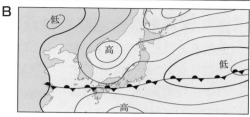

C
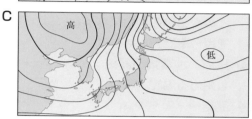

D
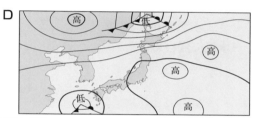

(1)		(2)		(3)		(4)	
(5)	①		②		③		
(6)							

よくでる **4** 右の図は，日本の天気に影響をおよぼす気団を模式的に示したものである。次の問いに答えなさい。

(1) A〜Cの気団の性質をそれぞれ答えなさい。(6点×3)

(2) 次の①，②にあてはまる気団を，A〜Cから1つずつ選び，記号で答えなさい。(3点×2)
　　①　冬に発達し，日本の天気に大きな影響をあたえる。
　　②　夏に発達し，日本の天気に大きな影響をあたえる。

(3) 梅雨前線の原因となる気団は，A〜Cのどれか。すべて選び，記号で答えなさい。(3点)

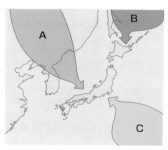

(1)	A		B	
	C			
(2)	①		②		(3)	

6 大気中の水の変化

STEP 1 要点チェック

テスト 1週間前から確認!

1 飽和水蒸気量と湿度 おぼえる!

① 飽和水蒸気量：空気1m³中にふくむことができる水蒸気の最大量。気温が高いほど大きい。

② 湿度：空気1m³中にふくまれる水蒸気量が，その温度での飽和水蒸気量に対してどのくらいの割合になるかを百分率で表したもの。

ポイント

湿度の求め方

$$湿度〔\%〕 = \frac{空気1m³中にふくまれる水蒸気量〔g/m³〕}{その温度での飽和水蒸気量〔g/m³〕} \times 100$$

③ 露点：水蒸気が凝結し始める温度。

● 凝結…水蒸気をふくむ空気を冷やしたとき，水蒸気の一部が水滴に変わること。

▼ 露点と飽和水蒸気の関係

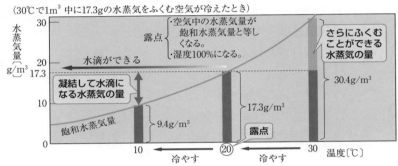

(30℃で1m³中に17.3gの水蒸気をふくむ空気が冷えたとき)

2 雲のでき方

① 雲のでき方：上昇気流によって空気のかたまりが上昇する。→まわりの気圧が低いために膨張し，温度が下がる。→温度が露点に達して，空気中の水蒸気の一部が水滴や氷の結晶に変わる。→水滴や氷の結晶が集まって雲ができる。

▼ 雲のでき方

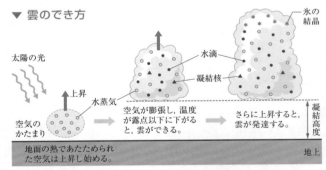

② 降水：雲をつくる水滴や氷の結晶が成長して大きくなると，雨や雪として落ちてくる。

テストの 要点 を書いて確認

別冊解答 P.22

□ にあてはまることばを書こう。

● 湿度

$$湿度 = \frac{空気1m³中の水蒸気量}{①\boxed{}} \times 100$$

・同じ水蒸気量でも，温度が低いと湿度は

②\boxed{}。

● 露点

水蒸気が ③\boxed{} し始める温度を露点という。

STEP
2 基本問題

テスト
5日前
から確認!

別冊解答 P.22

得点

／100点

1 気温11℃のときの飽和水蒸気量は10.0g／m³である。次の問いに答えなさい。

(1) 気温11℃で，1m³中に3.0gの水蒸気をふくむ空気がある。この空気1m³は，あと何gの水蒸気をふくむことができるか。(10点)

[   ]

(2) 気温11℃で，1m³中に7.5gの水蒸気をふくむ空気の湿度を求めなさい。(10点)

[   ]

(3) 気温11℃で，1m³中に8.4gの水蒸気をふくむ空気の湿度を求めなさい。(10点)

[   ]

2 右の図は，気温と飽和水蒸気量の関係を表したものである。気温30℃で，17.3gの水蒸気をふくむ空気1m³について，次の問いに答えなさい。

(1) この空気1m³中にはあと何gの水蒸気をふくむことができるか。(10点)

[   ]

(2) この空気の湿度を求めなさい。答えは小数第1位を四捨五入して整数で答えなさい。(10点)

[   ]

(3) この空気の露点は何℃か。(10点)

[   ]

(4) この空気を10℃まで冷やすと，空気1m³では，何gの水蒸気が水滴になるか。(10点)

[   ]

3 次の文の①〜③の（　）内のア，イからあてはまるものを選び，記号で答えなさい。また，④，⑤にあてはまることばを書きなさい。(6点×5)

① [   ]   ② [   ]   ③ [   ]
④ [   ]   ⑤ [   ]

上空にいくほど気圧は①（ア　高く　　イ　低く）なっているので，水蒸気をふくむ空気のかたまりが上昇すると②（ア　膨張　　イ　圧縮）する。このとき，空気の温度は③（ア　上がる　　イ　下がる）。空気の温度が　④　以下になると，水蒸気は　⑤　して，雲ができる。

1
(1) 飽和水蒸気量まで，水蒸気をふくむことができる。
(2)(3) 湿度＝空気1m³中にふくまれる水蒸気量÷その温度での飽和水蒸気量×100

2
(1) 30.4gまでは水蒸気をふくむことができる。
(3) 空気1m³中にふくまれる水蒸気の量＝飽和水蒸気量となったときの温度が露点になる。
(4) 水滴になる量＝空気1m³中にふくまれる水蒸気の量－飽和水蒸気量

3
空気のかたまりの上昇→空気の膨張→温度の低下という理由で，雲ができる。

第3章
6
大気中の水の変化

1 容積が200m³の実験室で次のような実験を行った。下の表は，気温と飽和水蒸気量との関係を表したものである。あとの問いに答えなさい。

<実験>

1 金属製のコップにくみおきの水を入れ，水の温度をはかると26℃であった。

2 氷水を少しずつ入れ，かき混ぜながら水を冷やした。

3 コップの表面とセロハンテープの境界がくもり始めたときの水の温度を測定すると，18℃であった。

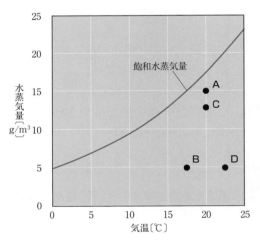

温度計
水　氷
セロハンテープ
金属製のコップ

気温〔℃〕	12	16	18	20	22	24	26	28
飽和水蒸気量〔g/m³〕	10.7	13.6	15.4	17.3	19.4	21.8	24.4	27.2

(1) コップの表面とセロハンテープの境界がくもり始めたときの温度を何というか。（3点）

(2) この実験室はあと何gの水蒸気をふくむことができるか。（5点）

(3) この実験室の湿度は何%か。答えは小数第1位を四捨五入して整数で答えなさい。（5点）

(4) この実験室の空気全体を12℃まで冷やすと，何gの水蒸気が水滴に変わるか。（5点）

(1)		(2)		(3)		(4)	

難 **2** 右の図は，気温と飽和水蒸気量との関係を表したものである。次の問いに答えなさい。

(1) 空気**A**の湿度を，小数第1位を四捨五入して，整数で求めなさい。（5点）

(2) 空気**A** 1 m³を10℃まで冷やしたとき，何gの水蒸気が水滴に変わるか。（5点）

(3) 空気**C**の露点は何℃か。（5点）

(4) 空気**A**〜**D**で，露点が同じになるものをすべて選び，記号で答えなさい。（4点）

(5) 空気**A**〜**D**で，湿度がもっとも小さいものを1つ選び，記号で答えなさい。（4点）

文章記述 (6) 空気 1 m³中にふくまれる水蒸気の量が等しくても，気温によって湿度が変化する。その理由を簡単に説明しなさい。（8点）

(1)		(2)		(3)	
(4)		(5)			
(6)					

3 雲ができるようすを調べるため，次のような実験をした。あと
の問いに答えなさい。

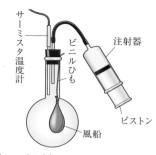

＜実験＞
1　水でぬらしたフラスコに線香の煙を入れて，右の図のよ
うな装置を組み立てた。
2　注射器のピストンを引いたりおしたりして，フラスコの
内部のようすを観察し，そのときの温度を測定した。

文章記述 (1) この実験で，線香の煙を入れるのはなぜか。簡単に説明しなさい。(8点)

(2) フラスコの内部が白くくもるのは，ピストンをどのように操作したときか。次のア～エか
ら1つ選び，記号で答えなさい。(3点)
ア　ピストンをゆっくりおす。　　イ　ピストンをすばやくおす。
ウ　ピストンをゆっくり引く。　　エ　ピストンをすばやく引く。

(3) (2)のとき，容器内のようすはどのようになっているか。次のア～エから1つ選び，記号
で答えなさい。(3点)
ア　風船がふくらみ，温度が上がる。　　イ　風船がふくらみ，温度が下がる。
ウ　風船がしぼみ，温度が上がる。　　　エ　風船がしぼみ，温度が下がる。

文章記述 (4) フラスコの内部が白くくもる理由を，簡単に説明しなさい。(8点)

(1)	
(2)	(3)
(4)	

4 右の図は，地表付近にある水蒸気をふくんだ空気のかたまりが
上昇して，雲ができるようすを模式的に示したものである。次
の問いに答えなさい。

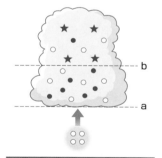

文章記述 (1) 地表付近の空気のかたまりが上昇すると，空気が膨張する。
その理由を簡単に説明しなさい。(8点)

(2) (1)のとき，空気の温度はどうなっているか。次のア～ウか
ら1つ選び，記号で答えなさい。(3点)
ア　上がる。　　イ　下がる。　　ウ　変化しない。

(3) aの高さで雲が発生した。このときの空気の温度を何というか。また，このときの湿度は
何％になるか。(3点×2)

(4) bは，空気の温度が0℃になったときの高さを表している。○，●，★はそれぞれ何を表
しているか。(4点×3)

(1)					
(2)		(3) 空気の温度		湿度	
(4) ○		●		★	

定期テスト予想問題

別冊解答 P.24

目標時間 **45**分

得点 ／100点

1 気象観測について，次の問いに答えなさい。

図1は，ある日の**A**地点において，9時30分から15時30分まで1時間おきに，気象観測した結果をまとめたものである。図2は，その日の6時00分の天気図である。

図1

天気	くもり	くもり	くもり	くもり	くもり	雨	雨	日付
風向	南西	南西	西南西	西	西	北西	北西	○月○日

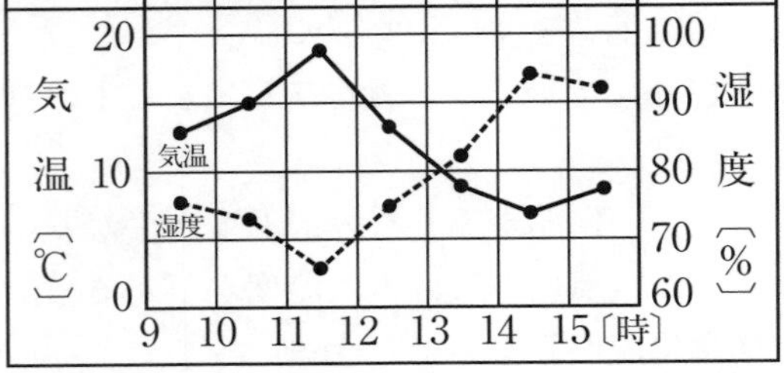

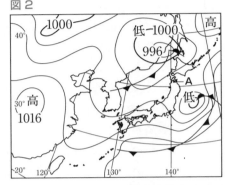

図2

(1) この気象観測を行ったと考えられる季節を，次の**ア**〜**エ**から1つ選び，記号で答えなさい。
(8点)

　ア 冬　　**イ** 春　　**ウ** 夏　　**エ** 梅雨

(2) 図1から，**A**地点で飽和水蒸気量がもっとも大きくなったと考えられる時刻を，次の**ア**〜**エ**から1つ選び，記号で答えなさい。(8点)

　ア 9時30分ごろ　　　**イ** 11時30分ごろ

　ウ 13時15分ごろ　　　**エ** 14時30分ごろ

(3) 次の文の①，②にあてはまるものを，下の**ア**〜**エ**から1つずつ選び，記号で答えなさい。

(8点×2)

A地点では，図1から，風向が変わり，気温が急に下がったことから，（　①　）前線が通過したと考えられる。また，図2から，前線が通過したあとに，高気圧が近づいてくると思われるので，翌日の天気は（　②　）と予想される。

　ア 寒冷　　**イ** 温暖　　**ウ** 晴れ　　**エ** くもりか雨

(4) 次の文は，高気圧の中心付近で雲ができにくい理由を述べたものである。文中の①，②にあてはまるものを，**ア**，**イ**からそれぞれ選び，記号で答えなさい。(6点×2)

高気圧の地表付近では，①（**ア** まわりから中心に向かって　**イ** 中心からまわりに向かって）うずをまくように風がふき，中心付近に②（**ア** 上昇気流　**イ** 下降気流）ができるから。

(1)		(2)		(3)①		②	
(4)	①			②			

2 春のある日の午前9時に，A地点で気象観測を行った。表1はその結果をまとめたものである。また，右の図は表1の観測を行ったときの天気図に，A地点を加えたものである。あとの問いに答えなさい。 （群馬県）

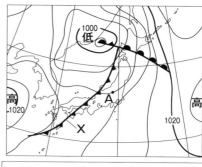

表1

天気	乾球の示す温度〔℃〕	湿球の示す温度〔℃〕	風向	風力
くもり	18	16	南西	2

(1) A地点の午前9時の天気，風向，風力を天気記号と風向，風力の記号を用いて表したものはどれか。右のア～エから1つ選び，記号で答えなさい。（8点）

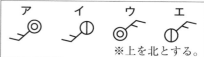
※上を北とする。

(2) A地点の午前9時の気圧を図から読みとり，書きなさい。（10点）

(3) 表2は，湿度表の一部である。また，表3は，気温と飽和水蒸気量との関係を表したものである。A地点の午前9時の空気の状態について，次の問いに答えなさい。

① 湿度はいくらか，書きなさい。（10点）

② 空気1 m³中にふくまれる水蒸気量はいくらか，書きなさい。なお，小数第2位を四捨五入すること。（10点）

表2

乾球〔℃〕	乾球と湿球の差〔℃〕				
	0	1	2	3	4
19	100	90	81	72	63
18	100	90	80	71	62
17	100	90	80	70	61
16	100	89	79	69	59
15	100	89	78	68	58

表3

気温〔℃〕	15	16	17	18	19
飽和水蒸気量〔g/m³〕	12.8	13.6	14.5	15.4	16.3

(4) 図中のXの前線がその後A地点を通過した。そのときの気象の変化のようすについて，次の問いに答えなさい。

文章記述

① 前線が通過した前後で，A地点では急激な上昇気流によって積乱雲が発生した。この雲はどのような雨を降らせたと考えられるか，雨の降る時間と強さに着目して，簡単に書きなさい。（10点）

② 気温と風向はどのように変化したと考えられるか。次のア～エからもっとも適切なものを1つ選び，記号で答えなさい。（8点）

ア 気温は上がり，風向は変わらなかった。

イ 気温は上がり，風向は変わった。

ウ 気温は下がり，風向は変わらなかった。

エ 気温は下がり，風向は変わった。

(1)		(2)		(3)	①		②	
(4)	①							
	②							

1 回路を流れる電流

STEP 1 要点チェック

テスト1週間前から確認!

1 回路

① 回路：**電流が流れる道すじ。**

② 回路図：回路のようすを，電気用図記号で表したもの。

▼ 回路　　▼ 回路図

2 電流と電圧

① 電流：回路を通る電気の流れ。単位は**アンペア**（記号 **A**）や**ミリアンペア**（記号 **mA**）。

② 電圧：回路に電流を流そうとするはたらき。単位は**ボルト**（記号 **V**）。

3 直列回路，並列回路の電流と電圧　おぼえる!

① 直列回路：**電流の流れる道すじが1本でつながっている回路。**

▼ 直列回路の電流　　▼ 直列回路の電圧

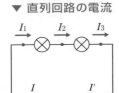
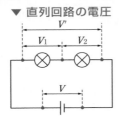

ポイント

直列回路の電流・電圧

電流…$I = I_1 = I_2 = I_3 = I'$

電圧…$V = V_1 + V_2 = V'$

② 並列回路：**電流の流れる道すじが枝分かれしている回路。**

▼ 並列回路の電流　　▼ 並列回路の電圧

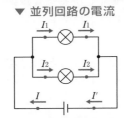
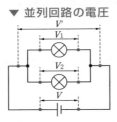

ポイント

並列回路の電流・電圧

電流…$I = I_1 + I_2 = I'$

電圧…$V = V_1 = V_2 = V'$

テストの 要点 を書いて確認

別冊解答 P.24

□ にあてはまることばを書こう。

● 電気用図記号

電気用図記号	器具の名称	電気用図記号	器具の名称
─┤├─	①	Ⓐ	③
⊗	②	Ⓥ	④

● 直列回路と並列回路

電流の流れる道すじが1本の回路を ⑤ ，枝分かれしている回路を

⑥ という。

STEP
2
基本問題

テスト
5日前
から確認！

別冊解答 P.24

得点

／100点

1 右の図は，ある回路のようすを電気用図記号で表したものである。次の問いに答えなさい。

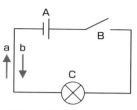

(1) 右のような図を何というか。(3点)
[   ]

(2) A〜Cの記号はそれぞれ何を表しているか。(5点×3)
A[   ]　B[   ]　C[   ]

(3) 電流は，a，bのどちらの向きに流れているか。(3点)
[   ]

1
(3) 電源の記号の長い線が＋極，短い線が－極を表している。

第4章
1
回路を流れる電流

2 右の図のように2つの豆電球をつないだ回路について，次の問いに答えなさい。

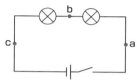

(1) 右の図のような回路を何というか。(5点)
[   ]

(2) 電流計を使うとき，流れる電流の大きさが予想できない場合，最初につなぐ－端子はどれか。次のア〜ウから1つ選び，記号で答えなさい。(5点)
[   ]
ア　5A　　イ　500mA　　ウ　50mA

(3) a点を流れる電流の大きさが200mAのとき，b点とc点を流れる電流の大きさはそれぞれ何mAになるか。(8点×2)
b点[   ]　c点[   ]

(4) 電源の電圧が6V，ab間の電圧が2Vのとき，bc間に加わる電圧，ac間に加わる電圧はそれぞれ何Vになるか。(8点×2)
bc間[   ]　ac間[   ]

2
(2) 電流計の針がふりきれると，電流計がこわれることがある。
(3) 直列回路を流れる電流はどこも同じである。
(4) 各部分に加わる電圧の和＝電源の電圧(回路全体の電圧)

3 右の図のように2つの豆電球をつないだ回路について，次の問いに答えなさい。

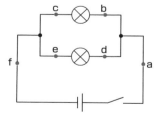

(1) 右の図のような回路を何というか。(5点)
[   ]

(2) a点を流れる電流が450mA，c点を流れる電流が250mAのとき，e点とf点を流れる電流は何mAになるか。(8点×2)
e点[   ]　f点[   ]

(3) bc間に加わる電圧が3Vのとき，de間，af間に加わる電圧はそれぞれ何Vになるか。(8点×2)
de間[   ]　af間[   ]

3
(2) 枝分かれする前の電流＝枝分かれしたあとの電流の和
(3) 各部分に加わる電圧＝電源の電圧(回路全体の電圧)

STEP
3
得点アップ問題

テスト
3日前
から確認!

別冊解答 P.25

得点

／100点

1 図1はある回路を回路図で表したものである。あとの問いに答えなさい。

図1

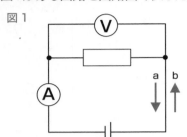

図2

電源装置

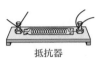
抵抗器

電圧計

電流計

作図 (1) 図1の回路と同じようになるように，図2の器具を導線でつなぎなさい。(8点)

(2) 電流が流れる向きは，図1のa，bのどちらか。(3点)

(3) 電流や電圧の大きさがわからないとき，電源の－側の導線は電流計や電圧計のどの－端子と接続するか。次の**ア～ウ**から1つ選び，記号で答えなさい。(3点)

　ア　いちばん大きな値の－端子に接続する。　**イ**　いちばん小さな値の－端子に接続する。

　ウ　どの－端子に接続してもよい。

文章記述 (4) (3)で答えた理由を簡単に説明しなさい。(8点)

(5) 電圧計の針が右の図のようにふれたとき，抵抗器に加わる電圧は何Vになるか。ただし，導線は電圧計の3Vの－端子に接続したものとする。(3点)

(1)	図2にかく。	(2)		(3)	
(4)					
(5)					

2 花子さんはクリスマスのかざりをつくるため，豆電球50個をコンセントにつなぎ，豆電球を点灯させることを考えた。コンセントからの電圧を100V，用意した豆電球1個がたえられる電圧は2.5Vであるとして，次の問いに答えなさい。

(1) 花子さんは，右の図のように豆電球をすべて直列につなぐことにした。豆電球1個あたりに加わる電圧を求めなさい。(5点)

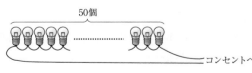
50個
コンセントへ

文章記述 (2) 花子さんが豆電球を並列つなぎにしなかった理由を答えなさい。(8点)

(1)	
(2)	

3 図1の回路は，図2のような水流モデルにたとえることができる。次の問いに答えなさい。

(1) 図2の①～③は，それぞれ何にたとえられるか。（5点×3）

(2) 図2で，水車に流れこむ水の量と水車から流れ出る水の量は同じになる。このことからわかることを，次のア～ウから１つ選び，記号で答えなさい。（3点）

図1
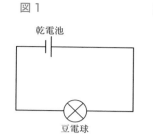
乾電池
豆電球

図2
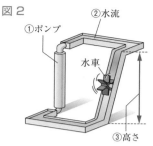
②水流
①ポンプ
水車
③高さ

ア　豆電球の両端に加わる電圧が大きいほど，豆電球が明るくつく。

イ　豆電球に流れこむ電流と豆電球から流れ出る電流は等しい。

ウ　豆電球の両端に加わる電圧は電源の電圧と等しい。

(3) 図3は，２個の豆電球をつないだときの水流モデルである。これは，直列回路・並列回路のどちらを表しているか。（3点）

図3
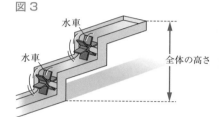
水車
水車
全体の高さ

第4章 1 回路を流れる電流

文章記述 (4) 図3では，それぞれの水車の高さの和が水路全体の高さになっている。このことから回路についてわかることを，簡単に説明しなさい。（8点）

(1)	①		②		③		(2)	
(3)								
(4)								

難 **4** 右のような回路をつくった。電源の電圧を3.0Vにしたところ，a点を流れる電流は500mAになった。次の問いに答えなさい。

(1) d点を流れる電流を測定すると200mAであった。このとき，b点，f点，g点を流れる電流の大きさをそれぞれ求めなさい。（5点×3）

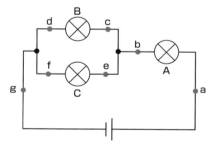
B
d   c
b
f   e   A
g   a
C

(2) ef間に加わる電圧を測定すると1.2Vであった。このとき，ab間，cd間，ag間の電圧の大きさをそれぞれ求めなさい。（5点×3）

(3) 豆電球A～Cのどれか１つをゆるめたところ，すべての豆電球が消えてしまった。ゆるめた豆電球はA～Cのどれか。（3点）

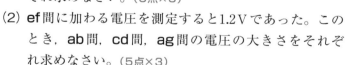

(1)	b点		f点		g点	
(2)	ab間		cd間		ag間	
(3)						

テストがある日

月　日

2 電流と電圧の関係

STEP 1 要点チェック

テスト1週間前から確認!

1 オームの法則 おぼえる!

① オームの法則：電熱線を流れる電流の大きさは，電熱線の両端に加わる電圧の大きさに比例する。

② 電気抵抗（抵抗）：電流の流れにくさ。

● 抵抗の単位…オーム（記号Ω）を使う。

$$電気抵抗〔Ω〕 = \frac{加えた電圧〔V〕}{流れる電流〔A〕}$$

③ 導体と不導体

● 導体…金属のように，抵抗が小さく，**電流を通しやすい物質**。

● 不導体（絶縁体）…ガラスやゴムのように，抵抗がきわめて大きく，**電流をほとんど通さない物質**。

くわしく

オームの法則の表し方

抵抗R〔Ω〕の電熱線の両端にV〔V〕の電圧を加えたときに流れる電流をI〔A〕とすると，

$$V = R \times I \quad I = \frac{V}{R} \quad R = \frac{V}{I}$$

▼ 電圧と電流の関係

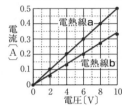

・グラフは原点を通る直線になる。
・電熱線 a より電熱線 b のほうが電流が流れにくく，電気抵抗が大きい。

2 回路全体の電気抵抗 おぼえる!

① 直列回路全体の抵抗：各部分の抵抗の値の和に等しい。

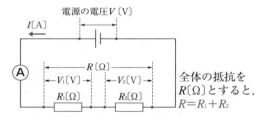

全体の抵抗をR〔Ω〕とすると，$R = R_1 + R_2$

② 並列回路全体の抵抗：ひとつひとつの抵抗の値よりも小さくなる。

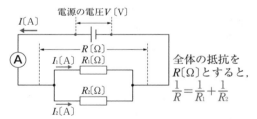

全体の抵抗をR〔Ω〕とすると，$\frac{1}{R} = \frac{1}{R_1} + \frac{1}{R_2}$

テストの 要点 を書いて確認

別冊解答 P.26

にあてはまることばや記号を書こう。

● オームの法則

R〔Ω〕の電熱線の両端にV〔V〕の電圧を加え，I（A）の電流が流れたとき，

$$V = \boxed{①} \quad , \quad I = \boxed{②} \quad , \quad R = \boxed{③}$$

● 回路全体の抵抗

・直列回路…回路全体の抵抗は，各部分の抵抗の $\boxed{④}$ に等しい。

・並列回路…回路全体の抵抗は，ひとつひとつの抵抗の値より $\boxed{⑤}$ 。

1 右の図は，電熱線に流れる電流と両端に加わる電圧の関係を表したものである。次の問いに答えなさい。

電流〔A〕 0.5

0

5.0　　10.0

電圧〔V〕

(1) 右の図から電流と電圧の間にはどのような関係があることがわかるか。(5点) [　　　　　　　]

(2) この電熱線の両端に5.0Vの電圧を加えたとき，何Aの電流が流れるか。(5点) [　　　　　　　]

(3) この電熱線に1.2Aの電流を流すには，電熱線の両端に何Vの電流を加えればよいか。(10点) [　　　　　　　]

(4) この電熱線の抵抗は何Ωか。答えは四捨五入して，小数第1位まで求めなさい。(10点) [　　　　　　　]

2 下のア〜キの物質を導体と不導体に分け，記号で答えなさい。(5点×2)

　導体 [　　　　　　　]　　　不導体 [　　　　　　　]

ア　タングステン　　イ　鉄　　ウ　ゴム　　エ　ニクロム
オ　ポリエチレン　　カ　銀　　キ　銅

3 電熱線を2個使って，下の図のような回路をつくった。あとの問いに答えなさい。

図1

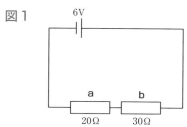

図2

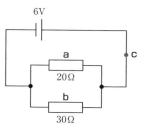

(1) 図1で，回路全体の抵抗は何Ωになるか。(10点) [　　　　　　　]

(2) 図1では，回路に何Aの電流が流れるか。(10点) [　　　　　　　]

(3) 図1で，電熱線a，bの両端に加わる電圧をそれぞれ求めなさい。

(10点×2) 電熱線a [　　　　　　　]　　　電熱線b [　　　　　　　]

(4) 図2で，回路全体の抵抗は何Ωになるか。(10点) [　　　　　　　]

(5) 図2のc点には何Aの電流が流れるか。(10点) [　　　　　　　]

1
(1) グラフは，原点を通る直線になっている。
(2) グラフから読みとる。
(4) $抵抗〔Ω〕＝\dfrac{電圧〔V〕}{電流〔A〕}$

2
電流が流れやすいものが導体，電流がほとんど流れないものが不導体。

3
(1) 直列回路の全体の抵抗は，それぞれの電熱線の抵抗の和になる。
(2) $電流〔A〕＝\dfrac{電圧〔V〕}{抵抗〔Ω〕}$
(3) 電圧〔V〕
＝抵抗〔Ω〕×電流〔A〕
(4) 全体の抵抗をRとすると，
$\dfrac{1}{R}＝\dfrac{1}{20}＋\dfrac{1}{30}$

STEP
3
得点アップ問題

テスト
3日前
から確認!

別冊解答 P.26

得点

／100点

よくでる 1 右の図1のような回路を組み立て，電熱線の両端に加える電圧の大きさを変えて，そのときに電熱線に流れる電流の大きさを調べたところ，次の表のようになった。あとの問いに答えなさい。

図1

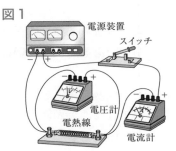

<結果>

電圧〔V〕	0	2.0	4.0	6.0	8.0	10.0
電流〔A〕	0	0.1	0.2	0.3	0.4	0.5

作図 (1) 表をもとにして，この電熱線の両端に加わる電圧と電熱線に流れる電流の関係を表すグラフを，右の図2にかきなさい。(8点)

(2) この電熱線の抵抗を求めなさい。(4点)

(3) この電熱線に15.0Vの電圧を加えると，何Aの電流が流れるか。(4点)

(4) 電流計の500mAの−端子を使って電流を測定すると，電流計の針が右の図3のようにふれた。このとき，この電熱線の両端に加えた電圧は何Vか。(4点)

図2

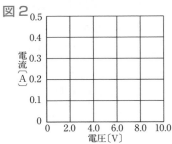

図3

(1)	図2にかく。	(2)		(3)		(4)	

難 2 抵抗の大きさのわからない電熱線Aと抵抗の大きさがそれぞれ10Ωの電熱線BとCを，右の図のように接続した。このとき，電圧計は5.0V，電流計は1.0Aを示していた。次の問いに答えなさい。

(1) 回路に流れる電流の大きさがわからないとき，電源の−極側の導線は，まず電流計のどの端子につなぐか。次のア〜エから1つ選び，記号で答えなさい。(3点)

　ア　50mAの−端子　　イ　500mAの−端子　　ウ　5Aの−端子　　エ　＋端子

(2) 電熱線Aの抵抗の大きさを求めなさい。(5点)

(3) 電熱線Bを流れる電流の大きさを求めなさい。(5点)

(4) 電熱線Cの両端に加わる電圧の大きさを求めなさい。(5点)

(5) 右の図の回路全体の抵抗を求めなさい。(5点)

(1)		(2)		(3)	
(4)		(5)			

難 **3** 電流と電圧の関係を調べるため，次のような実験をした。あとの問いに答えなさい。

<実験>

1　図1のような装置を使って回路を組み立てて，電熱線aの両端に加わる電圧の大きさを変えて，流れる電流の大きさを調べた。

2　電熱線bについても同じように実験した。

図1

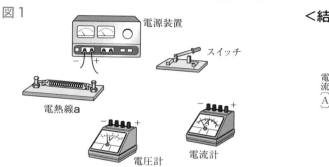

電源装置
スイッチ
電熱線a
電圧計
電流計

<結果>

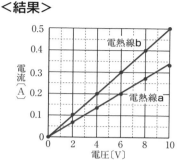

電熱線b
電熱線a
電流〔A〕
電圧〔V〕

文章記述 (1) 電源に電流計だけをつないではいけない理由を簡単に説明しなさい。(8点)

作図 (2) 図1の器具を，電熱線を流れる電流と電熱線の両端に加わる電圧を測定できるように，導線で結びなさい。(8点)

(3) 電熱線a，電熱線bの抵抗の大きさをそれぞれ求めなさい。(4点×2)

(4) 電熱線a，電熱線bにそれぞれ12Vの電圧を加えたとき，電流計はそれぞれ何mAを示すか。
(4点×2)

(5) 電熱線a，bを使って，図2，図3のような回路をつくった。次の問いに答えなさい。

① 図2で，回路に流れる電流の大きさは何mAか。(5点)

② 図2で，電熱線a，bの両端に加わる電圧をそれぞれ求めなさい。(5点×2)

③ 図3のc点に流れる電流の大きさは何Aか。(5点)

④ 次の文の（　　）にあてはまる数値を答えなさい。(5点)
同じ電熱線を使っても，流れる電流の大きさはつなぎ方によって異なる。上の図3の回路で電熱線bに流れる電流の大きさは，図2の回路で電熱線bに流れる電流の（　　）倍の大きさとなる。

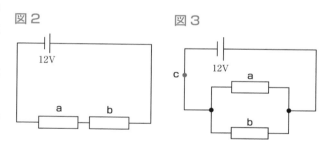

図2　12V　a　b

図3　12V　c　a　b

(1)						
(2)	図1にかく。		(3)	電熱線 a		電熱線 b
(4)	電熱線 a			電熱線 b		
(5)	①		②	電熱線 a		電熱線 b
	③		④			

3 電流のはたらき

STEP 1 要点チェック

1 電気エネルギーと電力

① 電気エネルギー：電気がもつ能力を電気エネルギーという。

② 電力：1秒間に使われる電気エネルギーの大きさ。
電気器具に加わる電圧と流れる電流の積で表される。

ポイント
電力の求め方
電力〔W〕＝電圧〔V〕×電流〔A〕

● 電力の単位…ワット（記号 **W**）を使う。

③ 電力の表し方

● 消費電力…100V－1000Wの表示は，100Vの電源につないだとき，1000Wの電力を消費することを表す。**消費電力が大きいほど，消費される電気エネルギーが大きくなる。**

2 電流による発熱

① 電流による発熱

● 熱量…電熱線などから発生した熱の量。**熱エネルギーの量**を表す。

● 熱量の単位…ジュール（記号 **J**）を使う。
1gの水の温度が1℃上昇するのに必要な熱量は，約4.2Jである。

ポイント
水が受けとった熱量の求め方
熱量〔J〕＝4.2×水の質量〔g〕×上昇温度〔℃〕

● 電流による発熱…電力が一定の場合，電熱線からの発熱量は**電流を流した時間に比例する。**また，電流を流した時間が一定の場合，電熱線からの発熱量は**電力の大きさに比例する。**

● 電流による発熱量…**電力と時間の積**で求めることができる。

② 電力量：電気器具で消費された電気エネルギーの量。

● 電力量…電気器具の**消費電力と時間の積**で求めることができる。

ポイント
電流による発熱量の求め方
発熱量〔J〕＝電力〔W〕×時間〔s〕
電力量の求め方
電力量〔J〕＝電力〔W〕×時間〔s〕

● 電力量の単位…ジュール(記号 **J**)，ワット時(記号 **Wh**)，キロワット時(記号 **kWh**)を使う。

テストの 要点 を書いて確認

別冊解答 P.27

　　　　にあてはまる記号や式，数値を書こう。

● 電力・発熱量・電力量

	単位	式	
電力	①	電力＝	②
発熱量	③	発熱量＝	④
電力量	J	電力量＝	⑤

● 1Vの電圧を加えて1Aの電流が流れたときの電力は ⑥　　　　W。

● 1Wの電力を1時間使ったときの電力量は ⑦　　　　J。

90

1 購入したドライヤーに「100V−1200W」という表示があった。次の問いに答えなさい。

(1) このドライヤーを100Vのコンセントにつないで使用したときの消費電力を答えなさい。(5点) [   ]

(2) (1)のとき, ドライヤーに流れる電流の大きさを求めなさい。(10点) [   ]

1
(2) 電流〔A〕= 電力〔W〕／電圧〔V〕

2 右の図のように, 6V−18Wという表示がある電熱線を100gのくみおきの水の入ったビーカーに入れ, 6.0Vの電圧を加え, 5分間電流を流し続けたところ, 水の温度が12.5℃上昇した。次の問いに答えなさい。ただし, 1gの水の温度を1℃上昇させるのに必要な熱量を4.2Jとする。

電源装置
温度計
スイッチ
かき混ぜるためのガラス棒
水100g
発泡ポリスチレン
電熱線

(1) 100gの水の温度が12.5℃上昇するのに必要な熱量は何Jか。(10点)
[   ]

(2) 電熱線から発生した熱量は何Jか。(10点) [   ]

(3) (1), (2)の熱量が異なっている理由を, 次のア～ウから1つ選び, 記号で答えなさい。(5点) [   ]

ア 時間がたつほど, 電熱線から発生する熱量が減少するから。

イ 水の一部が蒸発したから。

ウ 発生した熱の一部がまわりににげるから。

(4) この実験で電熱線が消費した電力量は何Jか。(10点)
[   ]

2
(1) 熱量〔J〕= 4.2 ×水の質量〔g〕×上昇温度〔℃〕
(2) 熱量〔J〕= 電力〔W〕×時間〔s〕
(4) 電力量〔J〕= 電力〔W〕×時間〔s〕

3 次の電気ストーブについて, あとの問いに答えなさい。

A 「100V − 800W」という表示のある電気ストーブ
B 「100V − 1200W」という表示のある電気ストーブ

(1) A, Bの電気ストーブを2時間使ったときの電力量は, それぞれ何Jか。(10点×2) A [   ] B [   ]

(2) (1)の電力量をkWhで表しなさい。(10点×2)
A [   ] B [   ]

(3) 同じ部屋をあたためるとき, A, Bのどちらの電気ストーブを使ったほうがはやく部屋の温度が高くなるか。(10点) [   ]

3
(1)(2) 電力量〔J〕= 電力〔W〕×時間〔s〕, 電力量〔kWh〕= 電力〔kW〕×時間〔h〕で, 1kW = 1000W, 1h = 3600s

第4章
3
電流のはたらき

別冊解答 P.28

テスト3日前から確認!

得点　　／100点

よくでる 1 右の図は，ある家庭の配線図を模式的に表したものである。この家庭では，100Vの電圧で最大で30Aまで使えるような設計になっている。現在，この家庭で使われているのは，エアコンと部屋の照明，テレビ，炊飯器である。各電気器具の消費電力は下のようになっている。あとの問いに答えなさい。

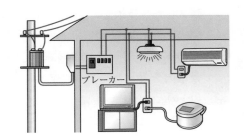

| エアコン：1200 W | 照明：100 W | テレビ：100 W | 炊飯器：1000 W |

(1) 家庭の配線は，直列つなぎ，並列つなぎのどちらか。(4点)

(2) 現在，この家庭では何Aの電流が流れていると考えられるか。(6点)

難 (3) この状況で，計算上はあと何Wまで電気器具を同時に使うことができるか。(6点)

(4) これらの電気器具を同時に30分間使ったとき，全体で消費した電力量は何 kWh になるか。(6点)

(1)		(2)		(3)	
(4)					

2 電流による発熱を調べるため，次のような実験を行った。あとの問いに答えなさい。ただし，1gの水の温度を1℃上昇させるのに必要な熱量を4.2Jとする。

<実験>

1　6Ωの電熱線aと2Ωの電熱線bを直列につなぎ，右の図のような装置を組み立てた。

2　ビーカーにそれぞれ100gのくみおきの水を入れ，電源装置の電圧を8.0Vに調節し，5分間電流を流し，水温の変化を測定したところ，電熱線aを入れたビーカーの水の温度が4.0℃上昇した。

電源装置　8.0V

スイッチ

電熱線a 6Ω　　電熱線b 2Ω

(1) 電熱線aで消費した電力を求めなさい。(6点)

(2) 電熱線aから5分間に発生した熱量は何 J か。(6点)

(3) 電熱線aを入れた水が受けとった熱量は何 J か。(6点)

文章記述 (4) (2)と(3)の値が異なるのはなぜか。簡単に説明しなさい。(10点)

(1)		(2)		(3)	
(4)					

難 3 電熱線を使って，電力と発生する熱量の関係を調べるため，次の実験を行った。あとの問い
に答えなさい。ただし，1gの水の温度を1℃上昇させるのに必要な熱量を4.2Jとする。

<実験1>

1 右の図のような装置を組み立て，ビー
カーの中に100gの<u>くみおきの水</u>を入れ
た。

2 ビーカーの水の中に，5V－5Wの表示
のある電熱線を入れた。

3 電熱線に5Vの電圧を加え，水温を1分
間ごとに測定した。この実験中，電流計
は1.0Aを示していた。

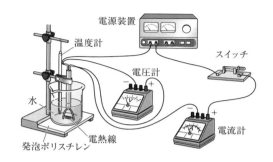

<実験2>

次に，5V－5Wの表示のある電熱線2個を並列につなぎ，100gのくみおきの水を別の
ビーカーの中に入れ，枝分かれする前の部分に電流計を接続した。<実験1>と同じよう
に5Vの電圧を加え，1分間ごとに水温を測定した。

<結果>

時間〔分〕	0	1	2	3	4	5
<実験1>の水温〔℃〕	16.0	16.7	17.4	18.1	18.8	19.5
<実験2>の水温〔℃〕	16.0	17.4	18.8	20.2	21.6	23.0

 (1) ビーカーに下線部の水を入れる理由を，簡単に説明し
なさい。（10点）

(2) <実験1>で，電熱線から5分間に発生した熱量は
何Jになるか。（6点）

(3) <実験2>で，電流計は何Aを示していたか。（6点）

(作図) (4) <結果>を用いて，<実験1>と<実験2>における時
間と水の上昇温度との関係を表すグラフをそれぞれ右
にかきこみなさい。（10点）

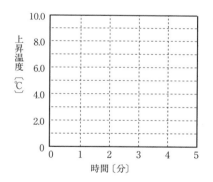

(5) <実験2>で1分間に上昇した水の温度は，<実験1>
の何倍になるか。（6点）

(6) <実験2>で，2個の電熱線から5分間に発生した熱量はあわせて何Jになるか。（6点）

(7) <実験2>で，2個の電熱線から5分間に発生した熱のうち，まわりににげた熱は何Jと
考えられるか。（6点）

(1)						
(2)		(3)			(4)	グラフにかく。
(5)		(6)		(7)		

4 電流と磁界

STEP 1 要点チェック

テスト
1週間前
から確認!

1 電流がつくる磁界 おぼえる!

① 磁界のようす

- **磁力**…磁石の間にはたらく力。
  └磁力のはたらく空間。
- **磁力線**…棒磁石のN極とS極を結ぶ曲線。**N極からS極へ**向かう向きに
  └磁力線の間隔がせまいほど磁界が強くなる。　　　　　　└磁界の向き
  矢印をつける。

② 導線のまわりの磁界：電流を流すと，導線のまわ
りに**同心円状の磁界**ができる。
└電流が大きいほど，導線に近いほど強い。

③ コイルのまわりの磁界：電流を流すと，コイルの
└電流が大きいほど，コイルの巻数が多いほど強くなる。
内側に**コイルの軸に平行な磁界**ができる。
└コイルの外側には棒磁石のような磁界ができる。

▼ 磁力線

▼ 導線のまわりの磁界

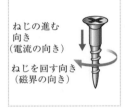
ねじの進む
向き
(電流の向き)

ねじを回す向き
(磁界の向き)

2 電流が磁界から受ける力

① 電流が磁界から受ける力：磁界の中にあるコイル
└この原理を利用したものがモーターである。
に電流が流れると，**コイルは力を受けて動く**。
└電流を大きくしたり，磁界を強くしたりすると，
　大きな力がはたらく。

3 電磁誘導

① 電磁誘導：コイルの中の**磁界が変化すると**，コイ
└この原理を利用したものが発電機である。
ルに電流を流そうとする電圧が生じ，**誘導電流**が
└コイルの巻数が多いほど，
磁界の変化をさまたげる向きに流れる。
　　　　　　　　　　　　　　　　　　　　磁界の変化が大きいほど，
　　　　　　　　　　　　　　　　　　　　磁石の磁力が強いほど大きい。

▼ コイルのまわりの磁界

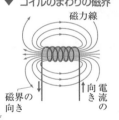
磁力線
磁界の向き
電流の向き

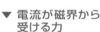
手をにぎる向き(電流の向き)
親指の向き
(磁界の向き)
右手

4 直流と交流

- **直流**…一定の向きに一定の大きさで流れる電流。
- **交流**…向きが周期的に変化する電流。
  └1秒間に起こる電流の変化のくり返しの回数を周波数という。

▼ 電流が磁界から
　受ける力

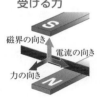
磁界の向き
電流の向き
力の向き

テストの 要点 を書いて確認

別冊解答 P.29

□ にあてはまることばを書こう。

- ① □ …磁力のはたらく空間。

- ② □ …棒磁石のN極とS極を結ぶ曲線。

- ③ □ …磁界の変化によって，コイルに
　　　　　　電流を流そうとして電圧が生じ
　　　　　　る現象。

● 電流のまわりの磁界

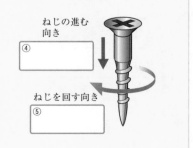
ねじの進む
向き
④ □

ねじを回す向き
⑤ □

STEP 2

基本問題

テスト 5日前 から確認!

別冊解答 P.29

得点　　／100点

1

図1はまっすぐな導線に電流を流したときのようす，図2は図1を真上から見たときのようすである。また，図3はコイルに電流を流したときのようすを表したものである。あとの問いに答えなさい。

図1

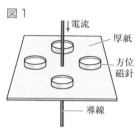

電流
厚紙
方位磁針
導線

図2

a
b
d
c

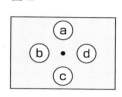

図3

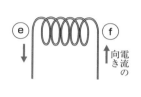

e
f
電流の向き

(1) 図2のa～dに置いた方位磁針のようすを，次のア～エから1つずつ選び，記号で答えなさい。(10点×4)

a[　　] b[　　] c[　　] d[　　]

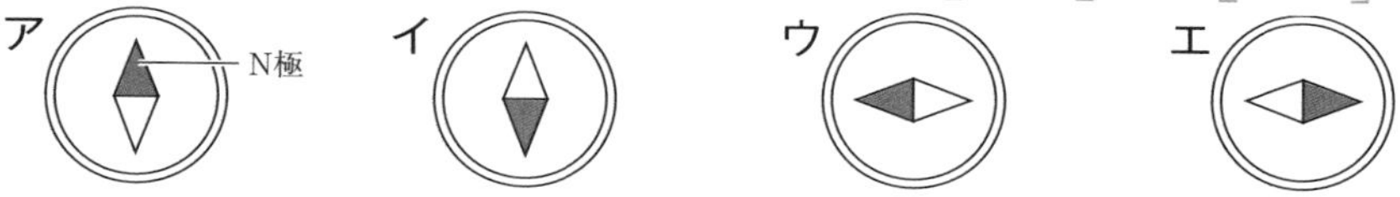

ア
N極
イ
ウ
エ

(2) 図3のe，fに置いた方位磁針のようすを，(1)のア～エから1つずつ選び，記号で答えなさい。(10点×2)　e[　　] f[　　]

2

右の図のような装置で，コイルに電流を流したところ，コイルはbの方向へ動いた。次の問いに答えなさい。

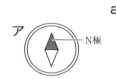

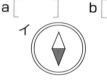

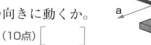

電流
N
b
a
S

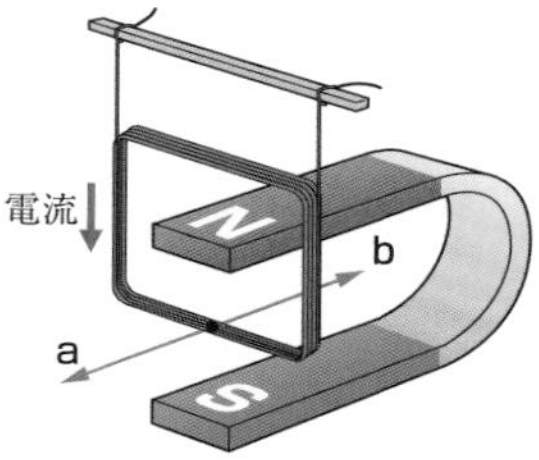

(1) 磁石はこのままで，電流の向きを逆にすると，コイルはa，bどちらの向きに動くか。(10点)[　　]

(2) 電流の向きはこのままで，磁石のN極とS極を入れかえたとき，コイルはa，bどちらの向きに動くか。(10点)[　　]

3

右の図の装置で，棒磁石のN極をコイルに近づけると，検流計の針が＋側にふれた。次の問いに答えなさい。

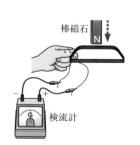

棒磁石
N
−
＋
G
検流計

(1) このときに流れた電流を何というか。(10点)

[　　　　]

(2) 棒磁石のN極をコイルから遠ざけると，検流計の針は＋側，−側のどちらにふれるか。(10点)

[　　　　]

1

(1) ねじの進む向きを電流の向きに合わせると，ねじを回す向きに磁界ができる。

(2) 右手の親指以外の4本の指を電流の向きに合わせたとき，のばした親指の向きが磁界の向きである。

2

(1) この場合，電流の向きによって，力の向きが決まる。

(2) この場合，磁界の向きによって，力の向きが決まる。

3

(2) N極を近づけたときとN極を遠ざけたときでは，磁界の変化が逆になる。

STEP
3
得点アップ問題

テスト
3日前
から確認!

別冊解答 P.29

得点

／100点

よくでる **1** 図1のような装置を組み立て，厚紙の上に鉄粉をまき，電流を流したところ，図2のような模様ができた。次の問いに答えなさい。

図1

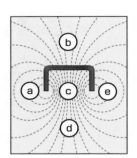

電源装置　電熱線　鉄粉　電流の向き　コイル　厚紙　電流計

図2

(1) 図2のa〜eのどこの磁界がもっとも強いか。
（3点）

(2) 図2のa〜eの位置に方位磁針を置くと，磁針はどのようになるか。右のア〜エから1つずつ選び，記号で答えなさい。
（3点×5）

ア　N極　イ　ウ　エ

文章記述 (3) 磁界の向きを変える方法を，簡単に説明しなさい。（7点）

作図 (4) (3)のときのコイル内部およびコイルのまわりの磁界のようすを，右の図に矢印をつけて表しなさい。（7点）

(1)					
(2)	a	b	c	d	e
(3)				(4)	図にかく。

2 右の図のような装置をつくり，アルミニウムはくでつくったレールに電流を流したところ，アルミニウムはくでつくったパイプはaの向きに転がった。次の問いに答えなさい。

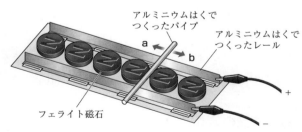

アルミニウムはくでつくったパイプ
アルミニウムはくでつくったレール
フェライト磁石

文章記述 (1) 電流の大きさを大きくしたときのパイプの転がるようすを，簡単に説明しなさい。（3点）

文章記述 (2) パイプをbの向きに転がす方法を2つ答えなさい。（7点×2）

(1)	
(2)	

3 次の図は，モーターのしくみを表したものである。あとの問いに答えなさい。

図1
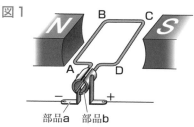

図2
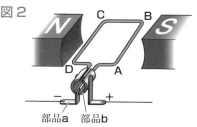

(1) 部品aと部品bをそれぞれ何というか。（5点×2）

文章記述 (2) 部品aと部品bのはたらきを簡単に説明しなさい。（7点）

(3) 次の文の（　　）にあてはまることばを，下のア～カから1つずつ選び，記号で答えなさい。

（3点×5）

図1では，導線ABは（　①　）向きの力を受け，導線CDは（　②　）向きの力を受ける。コイルが半回転した図2では，導線ABは（　③　）向きの力を受け，導線CDは（　④　）向きの力を受ける。このため，コイルは（　⑤　）まわりに回転する。

ア　上　　イ　下　　ウ　左　　エ　右　　オ　時計　　カ　反時計

(1)	a		b	
(2)				
(3)	①	②	③	④	⑤

難 **4** 図1は，棒磁石をコイルの上で1回転させるようすを示している。①では，検流計の針は一側にふれる。あとの問いに答えなさい。

図1
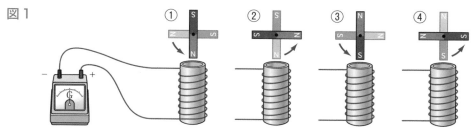

(1) ②～④では，検流計の針はどのようになるか。次のア～ウから1つずつ選び，記号で答えなさい。（3点×3）

ア　－側にふれる。　　　イ　＋側にふれる。　　　ウ　針は0を指す。

文章記述 (2) 図2は，図1の原理を応用してつくった自転車の発電機である。自転車をこぐことで発電し，ライトを点灯させることができるが，点灯させ続けるためには自転車をこぎ続ける必要がある。その理由を「コイル」「磁界」ということばを用いて簡単に説明しなさい。（10点）

図2

コイル　　　　回転磁石

(1)	②	③	④
(2)			

5 静電気と電流

STEP 1 要点チェック

テスト1週間前から確認!

1 静電気

① 静電気：ちがう種類の物体を摩擦したときに生じる電気。

● **静電気が生じる理由**…ちがう種類の物体を摩擦すると，**一方の物体の－の電気がもう一方の物体に移動し，一方は＋の電気，もう一方は－の電気を帯びる。**

● **静電気の性質**…同じ種類の電気の電気どうしには**しりぞけ合う力**が，ちがう種類どうしには**引き合う力**がはたらく。

② 放電：たまっていた電気が流れ出す現象や，電気が空間を移動する現象。

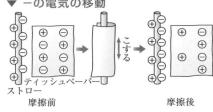
▼ －の電気の移動
ティッシュペーパー
ストロー
摩擦前
摩擦後
こする

2 真空放電と電子 おぼえる!

① **真空放電**：**圧力の小さい空間**の中を電流が流れる現象。

② **陰極線（電子線）**：真空放電管（クルックス管）に大きな電圧を加えたとき**－極（陰極）から＋極（陽極）に向かって出る**，ガラス管を光らせるもの。**磁石を近づけると曲がる。**
上下の電極板に電圧を加えると，陽極のほうに曲がる。

● 電子…陰極線は**－の電気をもった非常に小さな粒子**（電子）の流れである。

▼陰極線（電子線）
－極　　＋極

3 電流の正体

① **電流の正体**：金属の中の**自由に動き回る電子**が，電圧を加えると－極から＋極へ移動する。この電子の流れが電流である。

② **電子の流れと電流**：**電流は＋極から－極へ流れる。**
電流の向きと電子の移動する向きは逆。

▼ 電流と電子の動き
電子
電流の向き
電圧を加える
電子の移動する向き
電圧が加わっていないとき　電圧が加わったとき

4 放射線

① 放射線：**X線，α線，β線，γ線**などの総称。物質を通りぬける性質（**透過性**）や物質を変質させる性質がある。**放射線を出す物質**を**放射性物質**，放射線を出す能力を**放射能**という。

● **放射線の利用**…医療や農作物の品種改良などに使われる。
X線により体の内部を調べる。

● **放射線の影響**…放射線を受ける（被曝する）と，人体に影響がでる。

テストの **要点** を書いて確認

別冊解答 P.30

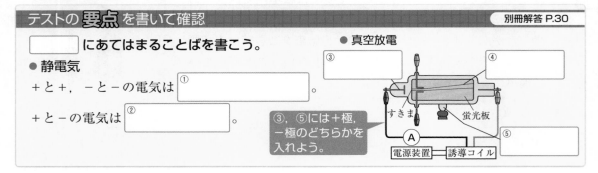

□ にあてはまることばを書こう。

● 静電気

＋と＋，－と－の電気は ① ［　　　　　］。

＋と－の電気は ② ［　　　　　］。

● 真空放電

③ ［　　　　　］
④ ［　　　　　］
⑤ ［　　　　　］

③，⑤には＋極，－極のどちらかを入れよう。

すきま　蛍光板
Ⓐ
電源装置　誘導コイル

STEP
2
基本問題

テスト
5日前
から確認!

別冊解答 P.30

得点

／100点

第4章
5
静電気と電流

1 次の文の（　　）にあてはまることばを答えなさい。(10点×3)

ストロー2本をティッシュペーパーでこすると，2本のストローは−の電気を帯び，ティッシュペーパーは（　①　）の電気を帯びる。このため，2本のストローどうしを近づけると（　②　）力がはたらき，ストローとティッシュペーパーを近づけると（　③　）力がはたらく。

ティッシュペーパー
ストロー

① [　　　]　② [　　　　　]　③ [　　　　　]

1
同じ種類の電気を帯びた物質どうしにはしりぞけ合う力，ちがう種類の電気を帯びた物質どうしには引き合う力がはたらく。

2 かわいたセーターでこすったプラスチックの下じきに，右の図のように蛍光灯（けいこうとう）を近づけると，一瞬蛍光灯が光った。次の問いに答えなさい。

蛍光灯

下じき

(1) ちがう種類の物質をこすり合わせたときに発生する電気を何というか。(10点)

[　　　　　　]

(2) 蛍光灯が光ったのは，下じきにたまった電気が流れ出したからである。このような現象を何というか。(10点)　[　　　　　　]

2
(2) 下じきから−の電気が蛍光灯へ流れ出す。

3 十字板を入れた真空放電管（クルックス管）に大きな電圧を加えると，右の写真のように，十字板の影ができた。次の問いに答えなさい。

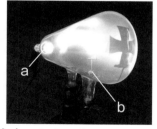

a

b

(1) 大きな電圧を加えるときに使用する装置は何か。(10点) [　　　　　]

(2) 電極a，bは，それぞれ＋極，−極のどちらか。(5点×2)
電極a [　　　　　]　電極b [　　　　　]

(3) 電極aから出て，ガラス管を光らせる非常に小さな粒子の流れを何というか。(5点) [　　　　　]

(4) (3)の非常に小さな粒子とは何か。(10点) [　　　　　]

(5) (4)の粒子は，＋，−どちらの電気をもっているか。(5点)
[　　　　　]

(6) 電流は何の流れによって生じるか。(10点) [　　　　　]

3
(2)(3) 陰極線（電子線）は，−極から＋極へ直進する。
(6) この流れの向きは，電流の向きと逆になる。

1 右の図は，ストローをティッシュペーパーでこすり合わせ
たときのようすを表している。次の問いに答えなさい。

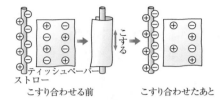

こすり合わせる前　　こすり合わせたあと

(1) こすり合わせる前のストローやティッシュペーパーが
もつ＋の電気の量と，－の電気の量はどのようになっ
ているか。(3点)

(2) ストローとティッシュペーパーをこすり合わせたとき，移動するのは＋と－のどちらの電
気を帯びたものか。(3点)

(3) こすり合わせたあとのストローとティッシュペーパーを近づけるとどうなるか。(3点)

(1)		(2)		(3)	

2 図1のようにポリエチレンのひもを細かくさ
いたものをクッキングペーパーでよくこする
と，ひもが図2のように開いた状態になった。
次の問いに答えなさい。

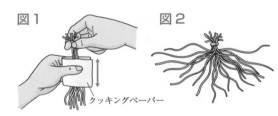

図1　　　　図2

クッキングペーパー

(1) 図2のようにひもが開いた状態になった理
由として適切なものを，次のア～ウから1つ選び，記号で答えなさい。(3点)
ア　細かくさいたひもがすべて同じ種類の電気を帯びたから。
イ　＋の電気を帯びたひもと－の電気を帯びたひもがほぼ同じ数あったから。
ウ　ひもが帯びていた電気がクッキングペーパーに移動したから。

(2) ポリ塩化ビニルのパイプをクッキングペーパーでよくこすり，図2のひもを近づけたとこ
ろ，ひもが宙にういた。その理由を簡単に説明しなさい。(6点)

(1)	
(2)	

3 放射線について，次の問いに答えなさい。

(1) 放射線について述べた次の文の（　　）にあてはまることばを書きなさい。(3点×3)
　　放射線を出す物質を（　①　）といい，放射線を出す能力を（　②　）という。放射線
は医療にも利用されていて，このうちレントゲン検査は，（　③　）線を利用している。

(2) (1)のレントゲン検査に用いられる③線は，放射線のどのような性質を利用したものか。(3点)

(1)	①		②		③	
(2)						

4 図1のような真空放電管に大きな電圧を加えると，蛍光板が光って明るい線が見られた。図2のようにU字形磁石を近づけると，明るい線が下に曲がった。次の問いに答えなさい。

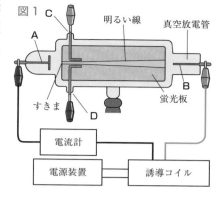

図1

(1) 誘導コイルのはたらきを説明しなさい。(10点)

(2) 図1の明るい線を何というか。(5点)

(3) 図1の明るい線は，非常に小さな粒子の流れによって現れたものである。この粒子を何というか。(5点)

(4) (3)は，A→B，B→Aのどちらの向きに移動しているか。(5点)

(5) 図1のA，Bは，それぞれ何極になっているか。(5点×2)

(6) 図1のCが−極，Dが+極になるようにして電圧を加えると，明るい線はどうなるか。次のア〜エから1つ選び，記号で答えなさい。(5点)

　ア　明るい線は上に曲がる。

　イ　明るい線は下に曲がる。

　ウ　明るい線はそのまままっすぐに進む。

　エ　明るい線は消えてしまう。

(7) 図2で，明るい線が曲がるのは，明るい線が何から力を受けるためか。(5点)

(8) 図2で，S極が手前になるようにしてU字形磁石を近づけると，明るい線はどうなるか。

(5点)

図2

(1)						
(2)		(3)		(4)		
(5)	A	B		(6)	(7)	
(8)						

5 右の図は，金属の導線の電子の分布を模式的に表したものである。次の問いに答えなさい。

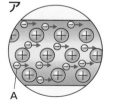 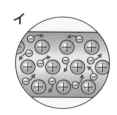

(1) Aは何を表しているか。(5点)

(2) 電流を流したときのようすを表しているのは，ア，イのどちらか。(5点)

(3) 図からわかる金属に電流が流れる理由を簡単に説明しなさい。(10点)

(1)		(2)	
(3)			

定期テスト予想問題

別冊解答 P.31

目標時間 **45**分　得点 ／100点

よくでる ❶ 抵抗の大きさの異なる電熱線a, b, c, dを用いて, 次の実験を行った。あとの問いに答えなさい。

<実験1>

電熱線a～dをそれぞれ1つずつ使って図1の回路をつくり, 電熱線の両端に加える電圧を1Vずつ大きくしていったとき, それぞれの電熱線に流れる電流がどのように変化するかを調べた。図2は, その結果をグラフに表したものである。

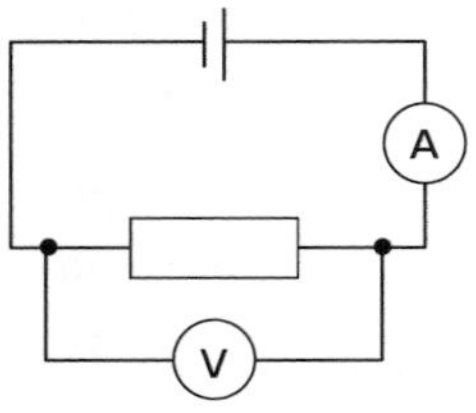

<実験2>

電熱線a～dのうちの2つを使って, 図3のような回路をつくり, 電源の電圧が8.0Vのときに, 回路全体に流れる電流を電流計で測定した。下の表は, 使う2本の電熱線の組み合わせをそのつど変えて, この測定を4回行ったときの結果を表したものである。

図1

図2

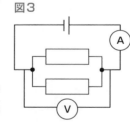

	1回目	2回目	3回目	4回目
電流〔A〕	0.6	1.2	1.4	2.0

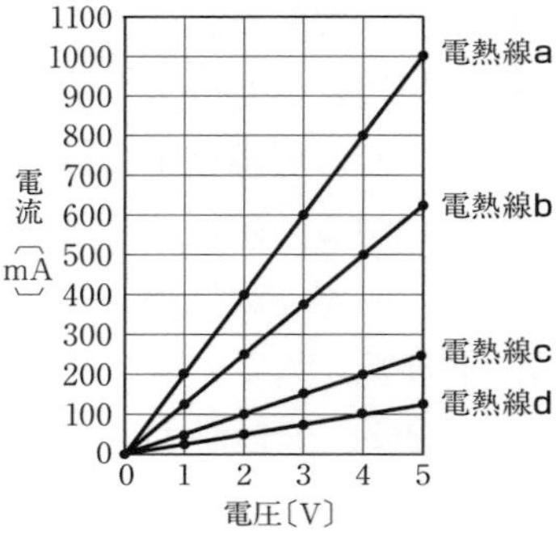

(1) <実験1>の結果から, 電熱線に流れる電流とその両端に加わる電圧の間にはどのような関係があることがわかるか。(6点)

(2) <実験1>の結果から, 抵抗がもっとも大きい電熱線はa～dのどれであると考えられるか。(6点)

(3) <実験1>の結果から, 電熱線aの抵抗は何Ωであることがわかるか。(6点)

(4) <実験1>の結果から, a～dのうちでもっとも抵抗が大きい電熱線ともっとも抵抗が小さい電熱線を直列に接続したとき, 全体の抵抗は何Ωになるか。(8点)

(5) <実験2>で, 電熱線bと電熱線cを使った場合, 電圧計が8.0Vを示すときにそれぞれの電熱線を流れる電流は何Aか。(6点×2)

難 (6) <実験2>で行った4回の測定で, 電熱線a～dはそれぞれ何回使われたか。使われた回数を答えなさい。(8点×4)

図3

(1)			(2)		(3)	
(4)		(5)	b		c	
(6)	a		b		c		d	

2 次の実験について，あとの問いに答えなさい。

（北海道）

<実験1>

同じ素材のストローA，Bを糸でつるしたところ，図1のようになった。次に，AとBを同時にやわらかい紙でこすって静かにはなしたところ，AとBの位置が図1と比べて変化した。

<実験2>

<実験1>のあと，Aはそのままにして，Bをはずした。はじめに，Aに毛皮でこすったポリ塩化ビニル（塩化ビニル）の棒を近づけたところ，図2のようにAはポリ塩化ビニルの棒からはなれた。次に，Aに綿の布でこすったガラス棒を近づけたところ，図3のようにAはガラス棒に引きつけられた。

<実験3>

図4のように綿の布でこすったガラス棒に蛍光灯をふれさせたところ，蛍光灯が一瞬光った。

図1

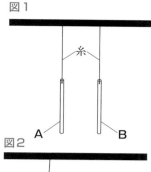

図2

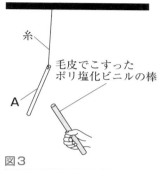

毛皮でこすった
ポリ塩化ビニルの棒

図3

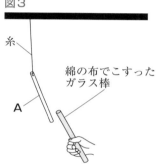

綿の布でこすった
ガラス棒

図4

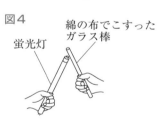

綿の布でこすった
ガラス棒

蛍光灯

第4章 定期テスト予想問題

（1）<実験1>について，次の文の ① にあてはまることばを書きなさい。また，②の｛　｝にあてはまるものを，ア，イから選び，記号で答えなさい。（6点×2）

下線部のようになったのは，ストローとやわらかい紙のように，種類の異なる物質どうしをこすり合わせることにより電気が発生したためである。この電気を ① という。また，AとBに発生した電気の種類は②｛ア　同じである　イ　異なっている｝。

（2）<実験2>において，<実験1>のA，Bをこすったやわらかい紙と同じ種類の電気を帯びているものの組み合わせを，次のア～エから１つ選び，記号で答えなさい。（6点）

ア　「毛皮でこすったポリ塩化ビニルの棒」と「ガラス棒をこすった綿の布」

イ　「毛皮でこすったポリ塩化ビニルの棒」と「綿の布でこすったガラス棒」

ウ　「ポリ塩化ビニルの棒をこすった毛皮」と「ガラス棒をこすった綿の布」

エ　「ポリ塩化ビニルの棒をこすった毛皮」と「綿の布でこすったガラス棒」

（3）<実験3>について，次の文の①，②の｛　｝にあてはまるものを，ア，イから１つずつ選び，記号で答えなさい。（6点×2）

蛍光灯が光ったのは，綿の布でこすったガラス棒がもっている－の電気の数が，＋の電気の数よりも①｛ア　多い　イ　少ない｝ため，蛍光灯からガラス棒に②｛ア　－　イ　＋｝の電気が移動して，蛍光灯に電流が流れたからである。

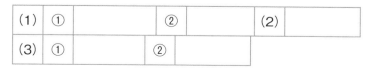

(1)	①		②		(2)	
(3)	①		②			

第1章　化学変化と原子・分子

① 物質の成り立ち

STEP 1　要点チェック

テストの要点を書いて確認　　本冊 P.6

①水素　②酸素　③陰極　④陽極　⑤原子
⑥分子　⑦単体　⑧化合物

STEP 2　基本問題　　本冊 P.7

1 (1) 熱分解
　 (2) 水
　 (3) 二酸化炭素

2 (1) エ
　 (2) ①H　②O　③C　④Na　⑤Mg
　　　 ⑥Cu

3 (1) A O_2　B H_2　C H_2O　D CO_2
　 (2) 単体 A，B　　化合物 C，D

解説

1 (2) 青色の**塩化コバルト紙**は水によって**桃色（赤色）**に変化する。
　 (3) **石灰水を白くにごらせるのは，二酸化炭素**の性質である。

2 (1) **物質の性質を示す最小の粒子**は，**分子**である。
　 (2) 元素記号は，アルファベットの大文字1文字か，大文字と小文字の2文字で表す。

3 (1) **A** 酸素の分子は酸素原子2個からできているので，元素記号「O」の右下に小さく「2」を書く。
　 B 水素の分子は水素原子2個からできているので，元素記号「H」の右下に小さく「2」を書く。
　 C 水の分子は水素原子2個と酸素原子1個からできているので，水素の元素記号「H」の右下に小さく「2」を書き，酸素の元素記号の「O」を書き加える（原子の個数が1個のときは省略する）。
　 D 二酸化炭素の分子は炭素原子1個と酸素原子2個からできているので，炭素の元素記号「C」に酸素の元素記号「O」を書き加え，その右下に「2」を書く。
　 (2) 酸素 O_2 や水素 H_2 のように，**1種類の原子からできている物質を単体**，水 H_2O や二酸化炭素 CO_2 のように，**2種類以上の原子が結びついてできている物質を化合物**という。

STEP 3　得点アップ問題　　本冊 P.8

1 (1) 生じた液体が加熱部分に流れるのを防ぐため。
　 (2) ガラス管を水から出しておく。
　 (3) 桃色（赤色）
　 (4) 石灰水が白くにごる。
　 (5) 試験管Aに残った物質
　 (6) ①炭酸ナトリウム　②二酸化炭素　③水

2 (1) 黒色から白色
　 (2) 線香が炎をあげて燃える。
　 (3) 水上置換法
　 (4) ①酸素　②銀

3 (1) 電流を流しやすくするため。
　 (2) a 陰極　b 陽極
　 (3) A ア　B イ
　 (4) A H_2　B O_2
　 (5) ウ

4 (1) a H_2　b O_2　c H_2O　d CO_2
　 (2) ①d　②a　③b　④c
　 (3) a，b
　 (4) ア，ウ，エ

解説

1 (1) 生じた液体が加熱部分に流れると，試験管が割れるおそれがある。
　 (2) ガラス管を水に入れたまま火を消すと，試験管Aが冷やされ試験管内の圧力が下がり，ガラス管から**水が試験管の中に逆流**してしまう。
　 (3) 試験管Aの口にたまった液体は水である。
　 (4) この実験では二酸化炭素が発生するため，石灰水が白くにごる。
　 (5) 試験管Aに残った物質は炭酸ナトリウムである。水溶液に無色のフェノールフタレイン溶液を加えると，炭酸水素ナトリウムはうすい赤色になるが，炭酸ナトリウムは濃い赤色になり，**炭酸ナトリウムのほうが強いアルカリ性**を示す。
　 (6) 加熱すると，**炭酸水素ナトリウムは炭酸ナトリウム，二酸化炭素，水に分解**される。

2 (1) 酸化銀は黒色をしているが，生じた物質は白色をしていて，こすると金属光沢が出て銀白色になる。
　 (2) 試験管Bに集まる気体は酸素である。**酸素には物質を燃やすはたらきがある**ので，線香が炎をあげて燃える。

(4) 加熱すると，**酸化銀は酸素と銀に分解**される。

3 (1) 純粋な水は電流が流れにくい。
(2) 電源装置の－極側の電極が陰極，＋極側の電極が陽極である。
(3) (4) 気体**A**は水素(H_2)，気体**B**は酸素(O_2)である。
(5) 水を電気分解すると，水素と酸素が2：1の体積の割合で生じる。

4 (1) **a**は水素原子が2個結びついているので水素の分子(H_2)，**b**は酸素原子が2個結びついているので酸素の分子(O_2)，**c**は酸素原子が1個，水素原子が2個結びついているので水の分子(H_2O)，**d**は炭素原子が1個，酸素原子が2個結びついているので二酸化炭素の分子(CO_2)である。
(2) ①で発生する気体は二酸化炭素，②で発生する気体は水素，③で発生する気体は酸素である。④は水の融点と沸点を表している。

ミス注意！
(3) 単体と化合物，混合物と純粋な物質の関係はまちがえやすいので，整理しておこう。

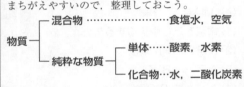

(4) アルミニウムやマグネシウムのような金属や塩化ナトリウム，酸化銀などは分子をつくらない。

② 物質の結びつき，化学反応式

STEP 1 要点チェック

テストの**要点**を書いて確認
本冊 P.10

①二酸化炭素　②水　③CO_2　④H_2O
⑤硫化鉄　⑥Fe　⑦S　⑧FeS

STEP 2 基本問題
本冊 P.11

1 (1) 袋がしぼむ。
(2) 水
(3) a 水素　　b 酸素
2 (1) ア
(2) 硫化鉄
3 エ

解説

1 (1) 化学変化によって気体が液体に変わるので，体積はとても小さくなる。
(2) **青色の塩化コバルト紙が桃色になった**ことから，水が生じたことがわかる。
(3) **水素と酸素**は，**2：1の体積の割合**で結びつく。
2 (1) 試験管**A**では，混合物中の鉄粉が磁石に引きつけ

られる。しかし，試験管**B**では鉄と硫黄が結びついて別の物質になっているので，鉄の性質は示さない。
(2) **鉄＋硫黄 ⟶ 硫化鉄**

3 **ア** 矢印の左側と右側で原子の種類と数は等しいが，酸素は分子の形でなければならないのであやまり。
イ 矢印の左側の酸素原子の数は1個，右側の酸素原子の数は2個なのであやまり。
ウ 矢印の左側の水素原子の数は4個，右側の水素原子の数は2個なのであやまり。

STEP 3 得点アップ問題
本冊 P.12

1 (1) **A** 磁石につきにくい。
　　B 磁石につく。
(2) **A** ウ　　**B** ア
(3) $Fe + S \longrightarrow FeS$
2 (1) 黒色
(2) 硫化銅
(3) 銅と硫黄が結びついて黒色の硫化銅ができたから。
3 (1) H_2O
(2) エ
(3) $2H_2 + O_2 \longrightarrow 2H_2O$
4 (1) イ
(2)

解説

1 (1) **A**は鉄と硫黄が結びついて化合物になっているので，鉄の性質を示さないが，**B**は混合物のままなので，鉄の性質を示す。
(2) うすい塩酸を加えると，**A**では**硫化水素**とよばれる腐った卵のようなにおいがする気体が発生する。**B**ではにおいのない**水素**が発生する。
(3) 鉄(Fe)と硫黄(S)が結びついて，硫化鉄(FeS)が生じる。

2 (1) (2) 黄色の硫黄と赤色の銅がおだやかに反応して，黒色の硫化銅ができる。

3 (1) **塩化コバルト紙が桃(赤)色に変化**したことから，水(H_2O)が生じたことがわかる。

(2) まず，矢印の左側と右側の原子の種類と数が等しいかどうかを確認してから，それぞれの物質の化学式を考える。

ア 矢印の左側と右側で，原子の種類と数は等しいが，酸素は分子の形でなければならないのであやまり。

イ 矢印の左側と右側で，原子の種類と数は等しいが，水素は分子の形でなければならないのであやまり。

ウ 矢印の左側と右側で，原子の種類と数は等しいが，水の分子は水素原子2個と酸素原子1個が結びついてできているのであやまり。

オ 矢印の左側は酸素原子が2個，右側は酸素原子が1個なのであやまり。

4 (1) **ア**「O₂」の右下の小さな「2」は原子の数を表している。

イ「2H₂O」の左の大きな「2」は水分子が2個あることを表し，「H₂O」は水分子が水素原子2個と酸素原子1個が結びついてできていることを示す。

ウ 矢印の左側も右側も，水素原子が4個，酸素原子が2個ある。

エ「2H₂」は水素分子2個，「O₂」は酸素分子1個を表している。

(2) 矢印の左側には水素原子が4個，酸素原子が2個あるので，矢印の右側には水素分子（●●）2個と酸素分子（○○）1個ができる。

3 酸素が関係する化学変化

STEP 1 要点チェック

テストの 要点 を書いて確認

本冊 P.14

①赤　②黒　③2Cu　④2CuO　⑤酸化銅
⑥炭素

STEP 2 基本問題

本冊 P.15

1 (1) 燃焼
(2) 通さない。
(3) 酸化鉄

2 (1) 水（水蒸気）
(2) 水素
(3) 白くにごる。
(4) 炭素

3 (1) 二酸化炭素
(2) 銅
(3) 還元
(4) $2CuO + C \longrightarrow 2Cu + CO_2$

1 (2) 加熱後の物質（酸化鉄）は，鉄と酸素の化合物で，金属の性質を示さない。
(3) **鉄＋酸素 ⟶ 酸化鉄**

2 (1) 生じた水蒸気が集気びんの内側について，細かい水滴になる。
(2) エタノールにふくまれる水素原子が酸素原子と結びついて，水ができる。
(3) 石灰水を白くにごらせるのは，二酸化炭素の性質である。
(4) エタノールにふくまれる炭素原子が酸素原子と結びついて，二酸化炭素ができる。

3 (4) **酸化銅（CuO）は還元されて銅（Cu）になり，炭素（C）は酸化されて二酸化炭素（CO₂）になる。**このように，還元は酸化と同時に起こる。

STEP 3 得点アップ問題

本冊 P.16

1 (1) 銅粉を空気中の酸素と十分にふれ合わせるため。
(2) 酸化銅
(3) 酸化物
(4) ○ 銅原子　● 酸素原子
(5) $2Cu + O_2 \longrightarrow 2CuO$

2 (1) 白くにごる。
(2) 二酸化炭素
(3) 内側が白くくもる。
(4) 水（水蒸気）
(5) C，H

3 ①酸素　②酸化鉄　③酸化　④熱

4 (1) 二酸化炭素があるかどうか。
(2) **ア** 2CuO　　**エ** CO₂
(3) ①還元　②酸化
(4) $2CuO + C \longrightarrow 2Cu + CO_2$

5 (1) 黒色から赤色
(2) 水
(3) ◎○＋①① ⟶ ◎＋①①①

1 (1) 銅粉を完全に酸化させるためには，空気中の酸素と十分にふれ合わせる必要がある。
(2) **赤色の銅が酸化すると黒色の酸化銅に変わる。**
(4) **銅は分子をつくらないので銅原子は○，酸素は分子をつくるので酸素原子は●になる。**
(5) (4)のモデルより，銅原子（Cu）2個と酸素分子（O₂）1個が反応して，酸化銅（CuO）2個ができることがわかる。

2 (1)(2) 石灰水が白くにごることから，二酸化炭素ができたことがわかる。

(3)(4) ビーカーの内側に細かい水滴がついて白くく
もることから，水ができたことがわかる。
(5) 二酸化炭素は炭素が酸化してできたものなので，
エタノールには炭素原子(C)がふくまれることがわか
る。また，水は水素が酸化してできたものなので，エ
タノールには水素原子(H)がふくまれることがわか
る。

3 (2) 金属のさびは，金属の表面が空気中の酸素と結び
ついて生じるものである。
(3) 金属がさびるときには熱や光が発生しないが，表
面がぼろぼろになったり，色が変わったりする。

4 ミス注意！
(2) アの◯◯を化学式に直してCuOと答えるのは
あやまりとなる。◯◯が２つあるので，化学式の
前に「2」をつけて「2CuO」とする。
(3) ①**ア→ウ**の化学変化では，酸素原子を失って
銅原子になっているので，還元を表している。
②**イ→エ**の化学変化では，炭素原子が酸素原子と
結びついているので，酸化を表している。
(4) 酸化銅(CuO)と炭素(C)が反応して，銅(Cu)
と二酸化炭素(CO_2)ができる。

5 (1) 黒色の酸化銅は酸素を失って赤色の銅になる。
(2) 水素は酸素と結びついて水になる。
(3) 化学反応式で表すと，次のようになる。
$$CuO + H_2 \longrightarrow Cu + H_2O$$

4 化学変化と物質の質量

テストの**要点**を書いて確認　　本冊 P.18

① ＝　　② －　　③ 4：1　　④ 3：2

　　本冊 P.19

1 (1) イ
(2) 160.00 g
2 (1) ウ
(2) 小さくなる。
3 (1) 2.5 g
(2) 0.5 g
(3) 4：1

解 説
1 (1) 硫酸と水酸化バリウムが反応して，硫酸バリウム
とよばれる，水にとけにくい白色の物質が生じる。
(2) 物質がビーカーの外に出ていかないので，**質量保
存の法則**が成り立つ。
2 (1) 容器のふたがしまっていて，物質が容器の外に出
ていかないので，質量保存の法則が成り立つ。
(2) 炭酸水素ナトリウムとうすい塩酸が反応して，二

酸化炭素が発生する。ふたをあけると，**発生した二酸
化炭素が容器の外に出ていってしまい，**全体の質量が
小さくなる。

3 (1) グラフから読みとる。
(2) 2.0gの銅が酸化して2.5gの酸化銅ができる。**結び
ついた酸素の質量〔g〕＝酸化銅の質量〔g〕－もとの銅
の質量〔g〕**より，
$2.5 - 2.0 = 0.5$〔g〕
(3) 2.0gの銅と0.5gの酸素が結びつくので，質量の比
は，
2.0〔g〕：0.5〔g〕＝ 4：1

　　本冊 P.20

1 (1) CO_2
(2) ウ
(3) 密閉した容器の中では質量保存の法則が成り立つ
が，ふたをあけると発生した気体がペットボトル
の外に出るから質量保存の法則が成り立たないた
め。
2 (1) 0.05 g
(2) 化学変化では，原子の組み合わせは変化するが，
原子の種類と数は変化しないから。
(3) ア
3 (1) マグネシウムの粉末を空気中の酸素とふれ合わせ
るため。
(2) $2Mg + O_2 \longrightarrow 2MgO$
(3) 7個
(4) 右図

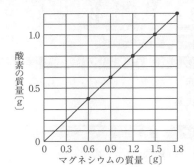

(5) 3：2
4 (1) 1.0 g
(2) 4：1
(3) 銅 3.2 g　　マグネシウム 1.2 g
(4) 3：8

解 説
1 (1) 石灰石にうすい塩酸を加えると，二酸化炭素
(CO_2)が発生する。
(2) **容器が密閉されているときは，質量保存の法則が
成り立つ**ので，反応前の全体の質量(a〔g〕)と反応後
の全体の質量(b〔g〕)は等しくなる。しかし，ふたを
あけると，発生した二酸化炭素がペットボトルの外に
出ていくので，全体の質量(c〔g〕)は小さくなる。

2 (1) 加熱前の銅粉の質量は1.20 g, 加熱後の質量は1.25 gより, 銅と結びついた酸素の質量は,
1.25 − 1.20 = 0.05 〔g〕

ミス注意!

(2)「原子」ということばを使うので,「質量保存の法則が成り立つから。」では不正解。ここでは, 質量保存の法則が成り立つ理由を原子から説明する。

(3) 丸底フラスコの中の酸素の一部は銅と結びつくので, 酸素の量が減る。このため, ピンチコックをあけると丸底フラスコ内に空気が入ってくる。

3 (1) マグネシウムの粉末の空気とふれ合っていない部分は酸化されないので, マグネシウムの粉末はうすく広げる。

(2) モデルから, マグネシウム原子(Mg) 2個と酸素分子(O_2) 1個が結びついて酸化マグネシウム(MgO)ができることがわかる。

(3) マグネシウム原子2個と酸素分子1個が結びつくので, マグネシウム原子10個と結びつく酸素分子は5個になる。よって, 酸素分子12 − 5 = 7〔個〕が残る。

(4) マグネシウムの質量と結びついた酸素の質量の関係は, 下の表のようになる。

マグネシウムの質量〔g〕	0.6	0.9	1.2	1.5	1.8
結びついた酸素の質量〔g〕	0.4	0.6	0.8	1.0	1.2

(5) 1.5 gのマグネシウムと結びついた酸素の質量は1.0 gより, 1.5 : 1.0 = 3 : 2

4 (1) グラフより, 銅0.8 gと結びついた酸素の質量は0.2 gになる。**酸化銅の質量〔g〕＝銅の質量〔g〕＋結びついた酸素の質量〔g〕**より, 0.8 + 0.2 = 1.0 〔g〕

(2) 銅 : 酸素 = 0.8 : 0.2 = 4 : 1

(3) 酸素0.8 gと結びつく銅の質量をx〔g〕, マグネシウムの質量をy〔g〕とすると,
$x : 0.8 = 4 : 1$　　$x = 3.2$〔g〕
$y : 0.8 = 0.6 : 0.4$　　$y = 1.2$〔g〕

(4) (3)より, 酸素0.8 gと結びつくマグネシウムの質量は1.2 g, 銅の質量は3.2 gである。酸素原子1個とマグネシウム原子1個, 酸素原子1個と銅原子1個がそれぞれ結びつくので, マグネシウム1.2 gと銅3.2 gには同じ数の原子がふくまれている。よって, マグネシウム原子1個と銅原子1個の質量の比は,
1.2 : 3.2 = 3 : 8

5 化学変化と熱の出入り

STEP 1 要点チェック

テストの 要点 を書いて確認
本冊 P.22

①食塩水(塩化ナトリウム水溶液)　②活性炭
③酸化　④発熱反応　⑤吸熱反応　⑥アンモニア
⑦吸熱

STEP 2 基本問題
本冊 P.23

1 (1) ア
(2) 食塩(塩化ナトリウム)
(3) ア
(4) 活性炭

2 (1) 下がる。
(2) アンモニア
(3) イ

3 エ

解説

1 (1) 鉄が空気中の酸素と結びつくときの化学変化は, 発熱反応なので, 温度が上がる。

(2)(3) 鉄の酸化を促進するために, 食塩水(塩化ナトリウム水溶液)を加える。空気中の酸素を吸着するはたらきがあるのは活性炭(物質B)。

2 (1) 塩化アンモニウムと水酸化バリウムの反応は, 吸熱反応なので, 温度が下がる。

(2) 塩化アンモニウム＋水酸化バリウム ⟶ 塩化バリウム＋アンモニア＋水 という化学変化が起こる。

(3) 発生したアンモニアは, 有害な気体で, 水に非常にとけやすい。このため, アンモニアが容器の外に出ないように, ビーカーに水でぬらしたろ紙をかぶせ, アンモニアを水にとかす。

3 ア 鉄と硫黄が結びつくときは熱が発生し, 加熱をやめても反応が進む。
ウ この化学変化は, 火を使わずに加熱できる加熱式弁当などに利用されている。
エ この化学変化は吸熱反応で, 二酸化炭素が発生する。

STEP 3 得点アップ問題
本冊 P.24

1 (1) 引きつけられた
(2) ウ
(3) 赤
(4) エ
(5) 白
(6) C, NaCl
(7) ウ
(8) かいろの中身の鉄粉が空気とふれ合わないから。

2 (1) ビーカーの口に水でぬらしたろ紙をかぶせる。
(2) エ
(3) NH_3
(4) 吸熱反応
(5) エ

3 (1) 有機物
(2) ア, エ
(3) エ

解説

1 (1) かいろの中にふくまれている鉄粉が磁石に引きつけられる。

(2) Cuは銅, Alはアルミニウム, Mgはマグネシウムである。

(3) <実験2>では, **黒色の酸化銅は還元されて, 赤色の銅になる。**

(4) 石灰水が白くにごったので, 発生した気体は二酸化炭素である。アでは酸素, イでは水素, ウではアンモニアが発生する。

(5) 結晶の形から, 食塩(塩化ナトリウム)の結晶であることがわかる。

(6) <実験2>で発生した二酸化炭素は, **炭素(C)が酸化したものである。**

(7) 化学かいろの中では, **鉄の酸化が起こっている。**酸化は, 物質が酸素と結びつく化学変化である。

(8) 空気中の**酸素とふれ合わないと, 鉄は酸化されない。**

2 **ミス注意!**
(1) 発生した有害な**アンモニアを, ぬらしたろ紙にふくまれる水にとかす**ことがポイントなので, 「ビーカーにろ紙をかぶせる。」では不正解となる。

(2) アンモニアの水溶液はアルカリ性を示すので, **無色のフェノールフタレイン溶液を赤色に変える。ア**は二酸化炭素, **イ**は酸素, **ウ**は水素の性質である。

(3) 窒素原子(N)1個と水素原子(H)が3個結びついて, アンモニアの分子(NH₃)ができる。

3 (1) 炭素や二酸化炭素は炭素をふくむが, 有機物とはいわない。

(3) **ア** 矢印の左側は水素原子が4個, 酸素原子が2個, 右側は水素原子が2個, 酸素原子が3個なので, あやまり。

イ 矢印の左側は酸素原子が2個, 右側は4個なので, あやまり。

ウ 矢印の左側は水素原子が4個, 酸素原子が4個, 右側は水素原子が2個, 酸素原子が3個なので, あやまり。

第1章 化学変化と原子・分子
定期テスト予想問題
本冊 P.26

1 (1) 右図

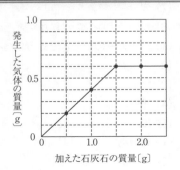

縦軸: 発生した気体の質量〔g〕
横軸: 加えた石灰石の質量〔g〕

(2) 1.0g

(3) 質量保存の法則

(4) ふたをゆるめたことによって, 発生した気体の一部がペットボトルの外に出ていったから。

2 (1) ①石灰水　②塩化コバルト紙

(2) 反応で生じた液体が, 加熱部分に流れないようにするため。

(3) 記号 ウ　b フェノールフタレイン

(4) 16g

解説

1 (1) 反応前の全体の質量は, **加えた石灰石の質量＋石灰石を加える前のビーカー全体の質量**で表される。発生した気体の質量は, **反応前の全体の質量－気体が発生したあとのビーカー全体の質量**となる。よって, 加えた石灰石の質量と発生した気体の質量は, 下の表のようになる。

加えた石灰石の質量〔g〕	0.5	1.0	1.5	2.0	2.5
発生した気体の質量〔g〕	0.2	0.4	0.6	0.6	0.6

(2) (1)のグラフから, 1.5g以上の石灰石を加えても, 発生する気体の質量が変化していないので, 1.5gの石灰石を加えたところで, 塩酸がすべて反応したと考えられる。したがって, 2.5gの石灰石を加えると, 1.5gだけが塩酸と反応し, 1.0gの石灰石は反応しないで残っている。

(3) 化学変化の前後で, 物質全体の質量は63.9gのまま変化していない。これを質量保存の法則という。

(4) ふたをゆるめたことによって, 発生した気体の一部がペットボトルの外に出ていく。

2 (1) **炭酸水素ナトリウム → 炭酸ナトリウム＋二酸化炭素＋水** という化学変化が起こるので, 二酸化炭素によって溶液が白くにごったことがわかる。よって, ある溶液とは石灰水である。また, 試験管の口付近にたまった液体は水なので, 青色から桃色(赤色)に変わった試験紙は塩化コバルト紙である。

(3) **フェノールフタレイン溶液は, アルカリ性が強いほど, 濃い赤色になる。**炭酸ナトリウムは炭酸水素ナトリウムよりも水にとけやすく, その水溶液は炭酸水素ナトリウムよりも強いアルカリ性を示す。

(4) 試験管の質量は33.1－8.4＝24.7〔g〕より, 炭酸水素ナトリウム8.4gからつくられる炭酸ナトリウムの質量は, 30.0－24.7＝5.3〔g〕。よって, 炭酸ナトリウム10gをつくるために必要な炭酸水素ナトリウムの質量をx〔g〕とすると,

$x : 10 = 8.4 : 5.3$　　$x = 15.8\cdots$より, 16g

1 生物のからだをつくる細胞

STEP 1 要点チェック

テストの要点を書いて確認
本冊 P.28

①液胞　②核　③細胞膜　④葉緑体　⑤細胞壁
⑥単細胞生物　⑦多細胞生物

STEP 2 基本問題
本冊 P.29

1 (1) ア
(2) A ア　B イ　C エ

2 (1) a 細胞壁　b 液胞　c 葉緑体　d 細胞膜
e 核
(2) a, b, c

3 単細胞生物 ア, ウ, エ　多細胞生物 イ, オ

解説

1 (1) 酢酸オルセインのほかに, **酢酸カーミン**(赤色に染色)や**酢酸ダーリア**(青紫色に染色)を用いてもよい。フェノールフタレイン溶液は, 水溶液がアルカリ性かどうか調べるときに用いられる。BTB溶液は, 水溶液が酸性・中性・アルカリ性のいずれであるかを調べるときに用いられる。ヨウ素液はデンプンの検出に使われる。
(2) 植物の緑色の部分には**葉緑体**がふくまれる。細胞の中に緑色の粒が見られるので, Aは緑色のオオカナダモの葉の細胞である。BとCを比べると, Cのほうが細胞と細胞の間が厚いので, Cは**細胞壁**をもつタマネギの表皮の細胞, 残ったBがヒトのほおの内側の細胞になる。

2 (1) 細胞には, ふつう1個の**核**(e)がある。核のまわりは**細胞質**とよばれ, 細胞質のいちばん外側は**細胞膜**(d)になっている。植物の細胞では, 細胞膜の外側にじょうぶな**細胞壁**(a)がある。緑色の粒は**葉緑体**(c)である。植物の細胞では, 貯蔵物質や不要な物質をたくわえる液胞(b)が見られる。
(2) 植物の細胞と動物の細胞に**共通して見られるのは, 核, 細胞膜**で, 細胞質にふくまれるものは動物の細胞と植物の細胞で異なる。植物の細胞だけに見られるのは, **細胞壁, 発達した液胞, 葉緑体**である。しかし, 植物でも, **緑色をしていない部分の細胞には葉緑体はふくまれない**。また, 若い細胞では液胞はあまり発達していない。

3 ミジンコは小さくてもエビやカニのなかまである。また, オオカナダモは単子葉類の一種で, からだが多くの細胞でできている。

STEP 3 得点アップ問題
本冊 P.30

1 (1) 酢酸オルセイン(酢酸カーミン, 酢酸ダーリア)
(2) ウ

(3) イ
(4) 細胞膜の外側に細胞壁があり, 細胞の中に葉緑体が見られないから。
(5) エ

2 (1) 植物の細胞
理由 細胞の中に葉緑体や液胞があり, 細胞膜の外側に細胞壁があるから。
(2) ウ, エ
(3) ①ウ　②オ　③ア

3 (1) ウ, オ, カ, ク
(2) ア, エ, オ, カ, キ
(3) 単細胞生物
(4) 生きていくためのはたらきのすべてを1個の細胞が行う。

4 (1) ①組織　②器官　③個体
(2) ①エ, カ, コ　②ア, イ, ウ, ク, ケ
③オ, キ

解説

1 (1)(2) 酢酸オルセインは核を赤紫色に染め, 酢酸カーミンは核を赤く染める。酢酸ダーリアは核を青紫色に染める。
(3)(4) タマネギの表皮は細胞に葉緑体がふくまれていないので, 緑色をしていない。また, 細胞壁をもつのでヒトのほおの内側の細胞よりも細胞質のまわりが厚くなっている。よって, **イ**がタマネギの表皮の細胞である。
アはヒトのほおの内側の細胞, **ウ**はオオカナダモの葉の細胞である。

> **ミス注意!**
> 「細胞壁があるから。」のように, オオカナダモの葉の細胞とのちがいについてふれていないと, 不正解となる。

(5) からだの部分によって, **細胞の形や大きさはさまざま**である。たとえば, ヒトのほおの内側の細胞の大きさは0.1mmぐらいであるが, 神経の細胞には長い突起があり, 長さが1mに達するものもある。

2 **ア**は液胞, **イ**は葉緑体, **ウ**は核, **エ**は細胞膜, **オ**は細胞壁である。
(1) 発達した**液胞, 葉緑体, 細胞壁**は動物の細胞には見られない。
(2) 植物の細胞と動物の細胞に共通に見られるつくりは, **核, 細胞膜**である。
(3) ①酢酸オルセインのような染色液は, **核を染色**して観察しやすくするために用いられる。
②細胞壁はおもに**セルロース**とよばれる繊維からできていて, 厚くてじょうぶである。
③液胞の中には, 細胞の活動にともなって生成した物質や水などが入っている。このため, 成長した細胞ほど液胞が大きくなる。また, 色素などもふくまれてい

て，アサガオなどの花弁の色は，液胞内の色素によるものである。

3 (1) 緑色をしている生物を選ぶ。ミドリムシは，細胞内に葉緑体をもつが，べん毛とよばれる長い毛によって水中を泳ぎ回ることができる。
(2) ミジンコとアオミドロ，オオカナダモは，**多細胞生物**である。

ミス注意!
(4) 多細胞生物の細胞とのちがいがはっきりわかるように書くこと。

4 (2) 植物の器官は根・茎・葉や花など。葉は，表皮組織や表皮の内部の葉肉組織などからできている。

---

2 葉のつくり，光合成と呼吸

STEP **1** 要点チェック

テストの **要点** を書いて確認　　　本冊 P.32

①光　②二酸化炭素　③デンプン（栄養分）
④酸素　⑤デンプン

STEP **2** 基本問題　　　本冊 P.33

1 (1) 孔辺細胞
(2) 気孔
(3) 裏側
2 (1) 光合成
(2) 呼吸
3 (1) A
(2) ①呼吸　②光合成

解説

1 (1)(2) 葉の表皮にあるすき間を気孔，すき間のまわりにある細胞を孔辺細胞という。
(3) 気孔は，ふつう葉の裏側に多くある。

2 (1) 袋Aは光の当たる場所に置かれていたので，**光合成を行っていた。袋の中の二酸化炭素を光合成に利用**したため，石灰水が白くにごらなかった。

ミス注意!
(2) 袋Bは光の当たらない場所に置かれていたので，**光合成を行わず，呼吸のみを行っていた**。呼吸によって**二酸化炭素が放出された**ので，石灰水が白くにごった。

---

3 **ミス注意!**
光合成には光が必要なので，光の当たる日中しか行われないが，**呼吸は1日中行われる**。
(1) 植物は昼間は光合成と呼吸の両方を行っているので，Aが正しい。
(2) ①は空気中の酸素をとり入れ，二酸化炭素を放出しているので呼吸である。②は空気中の二酸化炭素をとり入れ，酸素を放出しているので光合成である。

STEP **3** 得点アップ問題　　　本冊 P.34

1 (1) Aの中の二酸化炭素が使われたから。
(2) 酸素
(3) 気孔
(4) 光合成
(5) 対照実験
(6) 二酸化炭素
2 (1) 葉にあったデンプンをなくすため。
(2) 葉を脱色するため。
(3) 記号 a　色 青紫色
(4) デンプン
(5) 光（日光）
(6) aとb
3 (1) B
(2) 二酸化炭素
(3) 水
(4) 葉緑体
(5) C
(6) 呼吸
(7) イ，ウ，カ

解説

1 (1) 二酸化炭素が使われると，酸性から中性，アルカリ性にもどる。
(2) 試験管内の二酸化炭素と水を使って，酸素を放出した。
(3) 植物のはたらきに関係する気体は，気孔から出入りする。
(4) 植物が光のエネルギーを使って，水と二酸化炭素からデンプンなどの栄養分をつくるはたらきを光合成という。
(5) 調べようとする条件以外の条件を同じにして行う実験のことを対照実験という。
(6) 光合成には光と二酸化炭素が必要である。どちらが欠けても植物は光合成をすることができない。

2 (1) 光合成によってデンプンがつくられることを確かめる実験なので，実験前の葉にあるデンプンをなくす必要がある。**一昼夜暗いところに置くことで，葉にふ**

くまれているデンプンが植物のからだのほかの部分に送られるので，葉からデンプンがなくなる。

(2) エタノールに葉を入れると，**葉が脱色され**，ヨウ素液を使ったときにデンプンができているかどうかがわかりやすくなる。

(3) 光合成でデンプンがつくられるには，**太陽の光と葉緑体が必要**となる。両方そろっているのはa。

(4) ヨウ素液は，デンプンの有無を調べる薬品である。

(5) cの部分では，アルミニウムはくによって，太陽の光がさえぎられているので，光合成が行われない。

(6) 葉緑体の有無以外の条件が同じaとbを比較する。葉緑体のないふの部分ではデンプンはつくられない。

3 (1) 石灰水は**二酸化炭素**と反応して白くにごる。葉を入れた試験管Aでは，葉が二酸化炭素を吸収し，光合成によって酸素をつくり出したので，試験管Bよりも二酸化炭素の量が少ない。

(2)(3) 植物が光合成をするために必要な材料は，**二酸化炭素と水**である。

(4) 光合成は葉の**葉緑体**で行われる。

(5)(6) 光の当たらない場所に置いたので，植物は光合成を行わず，呼吸のみを行う。よって，植物を入れた袋Cの中は，植物の呼吸によって放出された二酸化炭素が袋Dより多くなっているので，石灰水を白くにごらせた。

(7) 実験Ⅰは，**光の当たる場所で実験を行っているので，植物の光合成のはたらきを調べる実験**である。実験Ⅱは**光の当たらない場所で実験を行っているので，植物の呼吸のはたらきを調べる実験**である。

ア 実験Ⅰは光合成のはたらきを調べている。よって，植物が呼吸をしているかどうかはわからないのであやまり。

エ 実験Ⅱは植物が呼吸をしているかどうかを調べている。光が当たらないので，植物は光合成を行っておらずあやまり。

オ 試験管Bは調べようとすることがら以外の条件を同じにして行う**対照実験**である。光によって試験管の中の気体が減ることを明らかにしたものではないのであやまり。

3 水の通り道，根と茎のつくりとはたらき

STEP 1 要点チェック

テストの **要点** を書いて確認
本冊 P.36

①道管　②師管　③維管束　④道管
⑤師管　⑥維管束　⑦主根　⑧側根

STEP 2 基本問題
本冊 P.37

1 (1) 水
(2) 蒸散
(3) 気孔
(4) **ア** 道管　**イ** 師管

(5) 土の中の水や養分を吸収する。（植物のからだを支える。）

2 (1) a 主根　　b 側根
(2) ひげ根
(3) 根毛
(4) c 道管　　d 師管
(5) 維管束
(6) トウモロコシ

解説

1 (1) ●は根から吸収され，葉に向かって移動していることから，水であることがわかる。

(2) 根から吸い上げられた水が水蒸気となって出ていくことを蒸散という。

(3) 蒸散はおもに葉にある気孔で起こる。

(4) **ア**の道管は根から吸収した水や養分が通る。**イ**の師管は葉でつくられた栄養分が水にとけやすい物質に変えられたものが通る。

(5) 根は，土の中の水や水にとけた養分を吸収するだけでなく，植物のからだを地面に固定させるはたらきもある。

2
> **ミス注意！**
> (1) 双子葉類の根は**主根と側根**からなる。

> **ミス注意！**
> (2) 単子葉類の根は**ひげ根**である。

(3) 根毛があることで，根全体の表面積が大きくなり，水を効率的に吸収することができる。

(4) 水や水にとけた養分が通る道管は，**茎の内側**にある。

(5) 道管と師管が集まっている部分を**維管束**とよぶ。

> **ミス注意！**
> (6) トウモロコシの茎の維管束は**ばらばらに散らばっている**。

STEP 3 得点アップ問題
本冊 P.38

1 (1) 水面からの水の蒸発を防ぐため。
(2) BとC
(3) AとD
(4) 0.7cm^3
(5) イ
(6) 植物に袋をかぶせて，水がたまるかどうかを調べる。

2 (1) A
(2) a
(3) 土と接する面積が広くなるため，土の中の水や水にとけた養分を効率よく吸収できる。

3 (1) 道管
(2) A，C

(3) 師管

(4) 維管束

(5) イ，エ

(6) 植物のからだを支える。

4 (1) b，c

(2) ウ

(3) ウ，エ

4 (1) 根から吸収した水や水にとけた養分が通るのは**道管**である。

> **ミス注意！**
> (2) 光合成でつくられたデンプンは水にとけやすい物質に変えられて，師管の中を通る。

(3) **ア** 師管は**図1**，**図2**の両方に見られるのであやまり。

イ 図1は双子葉類の並び方である。単子葉類はばらばらに散らばっているのであやまり。

解 説

1 (1) 水面から水が蒸発すると，葉や茎からの正確な蒸散量がわからなくなるので，蒸発を防ぐために水面に油を注ぐ。

(2) 葉の表と裏で行われる蒸散量を比較するには，葉の表側だけにワセリンをぬったものと，葉の裏側にだけワセリンをぬったものを比べればよい。

(3) 葉と茎のどちらで蒸散がさかんに行われているかを調べるには，葉のあるものと，葉がまったくないものを比べればよい。

(4) Bの2時間の蒸散量は1.5cm³。茎からの蒸散量0.1cm³を引くと，葉の裏側からだけの2時間の蒸散量は1.4cm³であることがわかる。これより，1時間の蒸散量は，1.4〔cm³〕÷2＝0.7〔cm³〕
よって，0.7cm³。

(5) Aの2時間の蒸散量は1.9cm³。茎からの蒸散量0.1cm³を引くと，葉全体からの2時間の蒸散量は1.8cm³であることがわかる。一方，Cの2時間の蒸散量は0.5cm³。茎からの蒸散量0.1cm³を引くと，葉の表のみの2時間の蒸散量は0.4cm³であることがわかる。これより，1.8÷0.4＝4.5〔倍〕 よって，**イ**が正解。

(6) 葉のついた植物にポリエチレンの袋をかぶせておくと袋がくもることから，水蒸気が体外に出されたことが確認できる。

2 (1) ホウセンカは双子葉類なので，葉脈は**網状脈**である。

(2) ツユクサは単子葉類なので，根は**ひげ根**である。

(3) 植物の根にはえている，細かい毛のようなものを**根毛**という。**根毛があることで，根全体の表面積が大きくなるので，土と接する部分がふえる。よって，効率よく土の中の水や水にとけた養分を吸収することができる。**

3 > **ミス注意！**
> (1)(3) 根から吸い上げた水や水にとけた養分が通るのは**道管**，光合成によってつくられた栄養分が通るのは**師管**である。

(2) 茎では，道管は師管よりも**内側にある。**

(4) 道管と師管が集まった部分を**維管束**という。

(5) **ア** 根は**水分を吸収する場所なのであやまり。**
ウ 根には葉緑体がないので光合成は行わない。

(6) 茎は植物のからだを支え，花や葉をつけるほか，根から吸収した水や水にとけた養分，光合成でつくられた栄養分の通り道となっている。

---

4 生命を維持するはたらき(1)

STEP 1 要点チェック

テストの要点を書いて確認 本冊 P.40

①ブドウ糖 ②アミノ酸
③・④脂肪酸・モノグリセリド

STEP 2 基本問題 本冊 P.41

1 (1) a 食道 b 肝臓 c 胆のう d 大腸
　　　e 小腸 f すい臓 g 胃

(2) a，g，e，d

(3) e

(4) b

2 (1) 柔毛

(2) a 毛細血管 b リンパ管

(3) ①a ②a ③b

3 (1) ア 気管支 イ 肺胞 ウ 毛細血管

(2) A

解 説

1 (2) 口→食道→胃→小腸→大腸→肛門とつながる長い1本の管を**消化管**という。

(3) 消化された養分は，小腸の内側にあるひだの表面の柔毛から吸収される。

(4) 血液によって，小腸から肝臓へ送られた**ブドウ糖の一部はグリコーゲンに変えられ，アミノ酸の一部はタンパク質に変えられて，肝臓で一時的にたくわえられる。**必要なときには再びブドウ糖やアミノ酸に分解され，血液中に出され，全身に送られる。

2 (1) 柔毛が小腸の内側のひだの表面に無数にあるため，**小腸の表面積が非常に大きくなり，効率よく養分を吸収できる。**

(3) **ブドウ糖やアミノ酸は柔毛に吸収されたあと，毛細血管に入り，肝臓へ送られる。脂肪酸とモノグリセリドは柔毛に吸収されたあと，再び脂肪になって，リンパ管に入り，首の下のところで静脈と合流する。**

3 (1) 気管は枝分かれして**気管支(ア)**となり，気管支の先には**肺胞(イ)**とよばれる小さなふくろがつながって

いる。肺胞のまわりには，**毛細血管（ウ）が網の目のようにはりめぐらされている。**

（2）肺胞では，**空気中の酸素が毛細血管にとりこまれ，血液中の二酸化炭素が空気中に出される**ので，肺胞を通ったあとの血液には酸素が多くふくまれる。

本冊 P.42

STEP 3 得点アップ問題

1 (1) だ液せん

(2) ウ

(3) ウ

(4) ヨウ素液 デンプン

　　ベネジクト液 麦芽糖など

(5) デンプンを麦芽糖などに変えるはたらき。

(6) ア

2 (1) ア

(2) 胆汁

(3) ア，イ，エ

(4) 小腸

(5) ア，エ

(6) A，B

3 (1) A 毛細血管　　B 肺胞

(2) 緑 ア　　青 ウ

(3) 肺の表面積が非常に大きくなり，気体を効率よく交換できる。

(4) a 酸素　　b 二酸化炭素

(5) 生きていくのに必要なエネルギーをとり出す。

解説

1 (1) だ液は**だ液せんでつくられ，口の中に出される。**

(2) 消化酵素は，**体温ぐらいの温度でもっともよくはたらく。**

(3) 試験管Aと試験管Bで異なる条件は，だ液と水だけである。試験管Bで変化が見られなければ，だ液によってデンプンが別の物質に変化したことがわかる。このような実験を**対照実験**という。

(4) デンプンがあると，**ヨウ素液をつけた部分は青紫色になる。**また，デンプンが分解されてできた麦芽糖などの物質に**ベネジクト液を加えて加熱すると，赤褐色の沈殿ができる。**

(6) **リパーゼとトリプシンはすい液にふくまれる。ペプシンは胃液にふくまれる。**

2 だ液によって分解されている①はデンプンなので，Aはブドウ糖。胃液によって分解されている②はタンパク質なので，Bはアミノ酸。残った③は脂肪で，Cは脂肪酸とモノグリセリドである。

(1) ゴマは脂肪，卵はタンパク質を多くふくむ。

(2) 胆汁は消化酵素をふくまないが，**脂肪の消化のはたらきを助ける。**

(3) bは，デンプン，タンパク質，脂肪の消化に関係するので，**すい液**である。すい液には**タンパク質を分**

解するトリプシンや脂肪を分解するリパーゼがふくまれている。また，すい液には**デンプンを分解するアミラーゼ**もふくまれている。

(4) 小腸のかべには消化酵素がふくまれていて，だ液や胃液によって分解された養分をさらに分解して，**ブドウ糖やアミノ酸を生成する。**

(6) **ブドウ糖やアミノ酸は柔毛の毛細血管に入り，**血液によって肝臓へ送られ，一時的にたくわえられる。**脂肪酸とモノグリセリドは柔毛内で再び脂肪となったあと，リンパ管に入る。**リンパ管は首の下の静脈と合流し，脂肪は血液中に混じる。

3 (1) 図1は，肺胞による呼吸のようすを表している。**肺胞は毛細血管にとり囲まれている。**

(2) 肺胞内の空気と毛細血管内の血液の間で，気体のやりとりをしている。**空気中の酸素は血液中にとり入れられ，血液中の二酸化炭素は空気中に出される。**

> **ミス注意!**
> (3)「肺の表面積が非常に大きくなる。」でも正解。しかし，「気体を効率よく交換できる。」では，効率よく交換できることと肺のつくりとの関係が不明なので，不正解になる。

(4) 細胞による呼吸では，**酸素を使って養分を分解して，エネルギーをとり出している。**このとき，**二酸化炭素と水ができる。**

> **ミス注意!**
> (5)「エネルギー」ということばを必ず使うこと。

5 生命を維持するはたらき(2)

STEP 1 要点チェック

テストの要点を書いて確認 本冊 P.44

①肝臓　　②尿素　　③尿

STEP 2 基本問題 本冊 P.45

1 (1) a 肺動脈　　b 肺静脈　　c 大動脈

　　d 大静脈

(2) b，c

(3) ① c　　② d

2 (1) A 赤血球　　B 血小板　　C 白血球

　　D 血しょう

(2) A

(3) D

3 (1) a じん臓　　b 輸尿管　　c ぼうこう

(2) a

解説

1 (1) **右心室**から出た血液は，**肺動脈（a）**を通って肺へ送られる。肺から出た血液は，**肺静脈（b）**を通って**左心房**へもどる。左心房から**左心室**に送られた血液は，

大動脈（**c**）によって全身に送られ，その後，**大静脈（d）**を通って，**右心房**へもどる。

（2）肺から出た血液は動脈血とよばれ，**酸素を多くふくみ，二酸化炭素が少ない。**

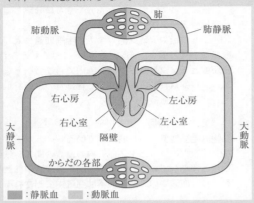

図中のラベル：
肺動脈　肺　肺静脈
右心房　左心房
右心室　左心室
大静脈　隔壁　大動脈
からだの各部
■■：静脈血　□□：動脈血

（3）体循環では，**左心室→大動脈→からだの各部→大静脈→右心房**と，血液が流れる。全身に血液を送るため，左心室のかべは右心室よりも厚くなっている。

2 （1）**赤血球（A）**は，核がなく，**中央がくぼんだ円盤形**をしていて，**ヘモグロビン**という赤い物質をふくむため，**赤い色をしている。血小板（B）**は，核がなく，小さくて不規則な形をしている。**白血球（C）**には核があり，さまざまな大きさと形のものがある。

（2）赤血球にふくまれる**ヘモグロビン**は，酸素の多いところで酸素と結びつき，酸素の少ないところで酸素をはなす。

（3）養分や二酸化炭素，不要な物質は，**血しょう**にとけて運ばれる。

3 （1）**じん臓（a）**は，背中側の腰部に1対あり，にぎりこぶしぐらいの大きさである。じん臓と**ぼうこう（c）**は**輸尿管（b）**によってつながっている。

（2）じん臓では，**尿素など不要な物質や余分な水，塩分を血液中からこし出している。**こし出されたもののうち，必要なものは再吸収され，残りは尿となり，輸尿管を通ってぼうこうに一時的にためられて排出される。

STEP 3 得点アップ問題　本冊 P.46

1 （1）①C　②A　③B　④D

（2）B

（3）イ

2 （1）①アンモニア　②肝臓　③尿素
　　④じん臓　⑤尿　⑥ぼうこう

（2）じん臓

（3）エ

3 （1）A 肺動脈　B 肺静脈　C 大静脈
　　D 大動脈

（2）酸素が少なく，二酸化炭素を多くふくむ。

（3）①E　②F　③G

（4）イ

（5）血管のかべがうすく，逆流を防ぐ弁があるから。

4 （1）A 血しょう　B 組織液

（2）①a　②c

（3）①イ，ウ　②ア，エ

解説

1 （1）血液は，**大静脈→右心房（A）→右心室（B）→肺動脈→肺→肺静脈→左心房（C）→左心室（D）→大動脈**と流れる。

（2）**AとCは静脈から血液が流れこむ心房，BとDは動脈へ血液を送り出す心室**である。

> **ミス注意！**
> 心臓のつくりの右・左は，向かって右・左ではなく，**自分のからだにあるときの右・左**となる。

（3）心臓は，次のような動きをくり返す。
心房がゆるんで血液が静脈から心房に流れこむ→心房が収縮して心室がゆるんで，血液は心房から心室へ移動する→心室が収縮して，血液が動脈におし出される

2 （1）タンパク質は窒素原子をふくみ，分解するとアンモニアが生じる。**アンモニアは有害な物質なので，肝臓で害の少ない尿素に変えられる。**じん臓では，不要な物質以外にブドウ糖などもいったんこし出されるが，ブドウ糖などの必要な物質はじん臓の中で再吸収される。

3 （1）**心臓へもどる血液が流れる血管が静脈，心臓から出される血液が流れる血管が動脈である。**全身から心臓にもどる血液が流れる血管Cは**大静脈**，心臓から肺へ送られる血液が流れる血管Aは**肺動脈**，肺から心臓へもどる血液が流れる血管Bは**肺静脈**，心臓から全身へ出される血液が流れる血管Dは**大動脈**である。

（2）血管A（肺動脈）を流れる血液は，全身から送られてきたものなので，**酸素が少なく，二酸化炭素が多い。**血管B（肺静脈）を流れる血液は，肺で気体の交換が行われているので，**酸素が多く，二酸化炭素が少ない。**

（3）① **ブドウ糖やアミノ酸は小腸の柔毛の毛細血管に入り，肝臓に送られるので，小腸から出た血液にもっとも多くふくまれる。**

② 尿素は，じん臓で血液中からこし出されるので，**じん臓を出た血液には尿素があまりふくまれていない。**

③ アンモニアは肝臓で尿素に変えられるので，**肝臓を出た血液にはアンモニアがあまりふくまれていない。**

（4）（5）血管Cは静脈なので，**血液の圧力が小さく，血管のかべがうすく，逆流を防ぐための弁がある。**

4 （1）血液の液体成分の**血しょう**（液体A）は，毛細血管のかべからしみ出して**組織液**（液体B）となり，細胞のまわりを満たす。

（2）血液の固形成分には，**赤血球，白血球，血小板**がある。

① 赤血球には，ヘモグロビンという物質がふくまれ，肺など酸素の多いところで酸素と結びつき，組織など酸素の少ないところで酸素をはなす。
② 血小板は，出血したときに血液を固めるはたらきがある。けがをしたときにできるかさぶたは，血小板などのはたらきで血液が固まったものである。
(3) 養分や酸素は組織液によって細胞にわたされ，細胞の呼吸に使われる。細胞の呼吸によって生じた二酸化炭素や不要な物質は，組織液を通じて血液にわたされる。

6 感覚と行動のしくみ

STEP 1 要点チェック

テストの要点を書いて確認　本冊 P.48

① せきずい　② 脳　③ せきずい　④ せきずい

STEP 2 基本問題　本冊 P.49

1 (1) a 鼓膜　b 耳小骨　c うずまき管
　(2) a(→)b(→)c
2 (1) A 脳　B せきずい
　(2) d 感覚神経　e 運動神経
　(3) （皮膚→）d(→B→)b(→A→)a(→B→)e(→筋肉)
3 (1) a けん　b 関節
　(2) エ

解説

1 (2) 音による空気の振動を受けて鼓膜(a)が振動する。鼓膜の振動は耳小骨(b)で大きくなり，うずまき管(c)内部の液体を振動させる。うずまき管内の液体の振動による刺激を感覚細胞(聴細胞)が受けとり，信号に変えて聴神経に送る。

2 (2) 感覚神経(d)は，皮膚などの感覚器官からの刺激の信号を中枢神経へ伝える。運動神経(e)は，中枢神経からの命令の信号を筋肉などへ伝える。
(3) 感覚器官である皮膚が受けとった刺激は信号に変えられて，感覚神経(d)を通ってせきずい(B)に送られる。信号はせきずいの中の神経(b)を通って脳(A)に伝えられる。脳ではその内容を判断し，命令の信号を出し，信号はせきずいの中の神経(a)を通って，運動神経(e)に伝えられ，筋肉まで届くと反応が起こる。

3 (1) 筋肉の両端は細くてじょうぶなけん(a)になっている。骨と骨のつなぎ目を関節(b)という。
(2) cとdの筋肉は一方が収縮すると，もう一方はゆるむことで，うでを動かすことができる。

STEP 3 得点アップ問題　本冊 P.50

1 (1) ① e　② b　③ d
　(2) e

(3) 空気
(4) ① g　② i
2 (1) ① 中枢神経　② 末しょう神経
　　③ 感覚神経　④ 運動神経
　(2) ③
　(3) 刺激に対する判断や命令を行う。
3 (1) 反射
　(2) イ，エ，オ
　(3) 危険から身を守ったり，からだのはたらきを調節したりする。
　(4) ア
　(5) 下線部A d→c→e　下線部B d→b→a→e
　(6) エ

解説

1 図1のaは毛様体，bは虹彩，cは角膜，dは水晶体（レンズ），eは網膜，fはガラス体である。図2のgは耳小骨，hは鼓膜，iはうずまき管，jは聴神経，kは前庭，lは半規管である。
(1) ① 網膜には，光の刺激を受けとる細胞が集まっていて，光の刺激を信号に変え，視神経に伝える。
② 虹彩は，明るいところでは広がって目に入る光の量が少なくなり，暗いところでは収縮して目に入る光の量が多くなる。これは，カメラのしぼりと同じはたらきである。
③ 水晶体は，目に入ってきた光が網膜上に像を結ぶように，光を屈折させる。これは，カメラのレンズと同じはたらきである。
(2) 近視や遠視の場合，物体の像が網膜上に結ばれなくなる。
(3) 音はものの振動によって発生する。音を出しているものの振動によって空気が振動し，耳まで届く。
(4) ① 耳小骨は，つち骨，きぬた骨，あぶみ骨とよばれる3つの骨からできていて，てこの原理を利用して，鼓膜の振動を大きくしてうずまき管へ伝える。
② うずまき管の中は，リンパ液とよばれる液体で満たされている。耳小骨からの振動によってリンパ液が振動し，その振動を感覚細胞(聴細胞)が受けとり，信号に変え，聴神経に伝える。

2 (1) 神経系は，大きく中枢神経と末しょう神経に分けられる。末しょう神経はさらに，感覚器官からの刺激の信号を伝える感覚神経と中枢神経からの命令の信号を伝える運動神経などに分けられる。
(2) 視神経は，感覚器官である目からの刺激の信号を中枢神経に伝えるので，感覚神経の一種である。
(3) 命令の信号は，脳だけでなく，せきずいなどから出されることもある。

3 (1) 下線部Aの反応は，「熱い」と感じるよりもはやく起こる。刺激の信号が脳に伝わる前に起こっているので反射である。
(2) アは「痛い」と感じて声をあげているので，脳か

ら命令の信号が出ている。

ウは、とび出してきた自転車を見て、よける方向を判断しているので、脳から命令の信号が出ている。

(3) 熱いものにふれたときに熱いと感じる前に手を引っこめたり、目の前にものが飛んできたときにとっさに目をつぶったりすることによって、**危険から身を守る**ことができる。また、ひとみの大きさを変えたり、だ液を分泌したりすることで、**からだのはたらきを調節**している。

(4) 骨の両側にある筋肉は、**一方が収縮するとき、もう一方はゆるむ**。①の筋肉はうでを曲げるときに収縮し、②の筋肉はうでをのばすときに収縮する。

(5) 下線部**A**の反応は**反射**で、**皮膚→感覚神経(d)→せきずい(c)→運動神経(e)→筋肉**の順に信号が伝わる。下線部**B**の反応は意識して起こす反応で、**皮膚→感覚神経(d)→せきずい(b)→脳→せきずい(a)→運動神経(e)→筋肉**の順に信号が伝わる。

(6) **d**の神経は感覚神経で、「感覚器官→せきずい」の向きにしか信号が伝わらない。**e**の神経は運動神経で、「せきずい→筋肉など」の向きにしか信号が伝わらない。

定期テスト予想問題(1)　　　本冊 P.52

❶ (1) エ
　(2) ①蒸散　　②吸水
❷ (1) 対照実験
　(2) ストローで呼気をふきこむ
　(3) ウ
　(4) **ア** 光合成　　**イ** 呼吸
❸ (1) ①ア　　②エ
　(2) ①白くにごった。
　　②植物が呼吸をしていることを確認すること。

解説

❶ (1) 葉でつくられた栄養分が通る師管は、茎の維管束では外側にある。
　(2) 植物が根で吸収し、茎を通って葉に運んだ水を、水蒸気として気孔から出す現象を蒸散という。蒸散には、植物体内の水分をほぼ一定に保つはたらきや、根からの吸水を促進するはたらき、水にとけた養分の吸収を促進するはたらき、植物の温度が高くなることを防ぐはたらきがある。

❷ **ミス注意!**
> (1) 調べようとすることがら以外の条件を同じにして行う実験を**対照実験**という。

　(2) 呼気の中にふくまれる**二酸化炭素**と反応し、BTB溶液の色が**青色から緑色に変化する**。
　(3) オオカナダモが二酸化炭素をとりこんで光合成を行い、酸素を放出した。

---

(4) 植物は光がないと光合成ができないので、光の当たらないところに置くと酸素をつくり出すことができない。しかし、**呼吸は行っている**ので、二酸化炭素を放出している。そのため、放出された二酸化炭素に反応してBTB溶液が黄色になる。

❸ (1) 試験管**A**は植物が**光合成を行い、二酸化炭素を吸収したために**、試験管**B**よりも二酸化炭素の量が少なくなっている。
　(2) 植物は光の当たらない場所では**光合成を行わず、呼吸だけを行う**ので、袋の中には二酸化炭素が多くなり、石灰水を入れると白くにごる。

定期テスト予想問題(2)　　　本冊 P.54

❶ (1) ①ア　　②エ
　(2) 小腸の内部の表面積が大きくなるから。
　(3) ア
❷ (1) ア
　(2) 右心室
　(3) c
　(4) i
　(5) 肝臓
　(6) k
　(7) ①酸素　　②二酸化炭素
　(8) 酸素が多く、二酸化炭素が少ない。
　(9) エ
❸ (1) 耳小骨
　(2) C、F
　(3) エ
　(4) 記号 E　　名称 虹彩

解説

❶ (1) タンパク質の分解によってできたアミノ酸は、管**A**の毛細血管に吸収される。脂肪の分解によってできた脂肪酸とモノグリセリドは柔毛に吸収されたあと再び脂肪になり、管**B**のリンパ管に吸収される。
　(2) 小腸の内部の表面にひだや柔毛があることで、小腸の表面積が非常に大きくなるため、効率よく養分を吸収することができる。
　(3) **イ** 肝臓ではアミノ酸の一部はタンパク質に、ブドウ糖の一部はグリコーゲンに変えられ一時的にたくわえられる。
　ウ リパーゼは脂肪を分解する。
　エ アンモニアを尿素に変えるのは肝臓のはたらきである。じん臓は、血液中から尿素などの不要な物質をとり除くはたらきをする。

❷ (1) **A**と**C**は静脈から**血液が流れこむ心房**、**B**と**D**は動脈へ**血液を送り出す心室**なので、心房とつながった**e**の血管は**静脈**である。よって血管**X**では心臓に向か

う血液が流れている。

（2）Aは右心房，Bは右心室，Cは左心房，Dは左心室である。

（3）心臓へもどる血液が流れる血管が静脈，心臓から出される血液が流れる血管が動脈である。したがって，右心室から肺へ出される血液が流れるcの血管が肺動脈，肺から心臓へもどる血液が流れるdの血管が肺静脈である。

（4）食後，食物中のデンプンやタンパク質は消化されてブドウ糖やアミノ酸になる。ブドウ糖やアミノ酸は，小腸の柔毛に吸収され，毛細血管に入り，肝臓に送られる。このため，iの血管を流れる血液にブドウ糖やアミノ酸がもっとも多い。

（5）肝臓では，有害なアンモニアを害の少ない尿素に変えている。

（6）尿素などの不要な物質は，じん臓で血液中からこし出される。このため，じん臓を通ったあとの血液にはあまり尿素がふくまれていない。

（7）肺での呼吸では，酸素をとり入れて二酸化炭素を放出している。①ははく息にふくまれる割合のほうが少ないので，酸素である。②ははく息にふくまれる割合のほうが多いので二酸化炭素である。

（8）肺では，空気中の酸素を血液中にとり入れ，血液中の二酸化炭素を空気中に出す。

（9）赤血球は，毛細血管のかべを通りぬけることができない。酸素が少ない組織では，ヘモグロビンは酸素をはなすため，血しょう中に酸素をふくむようになる。酸素をふくんだ血しょうは，毛細血管のかべからしみ出して組織液となり，細胞に酸素をわたす。

3 （1）Aは鼓膜，Bは耳小骨，Cはうずまき管，Dは水晶体（レンズ），Eは虹彩，Fは網膜である。音による空気の振動は，鼓膜→耳小骨→うずまき管の順に伝えられたあと，うずまき管にある感覚細胞によって信号に変えられ，聴神経に伝えられる。

（2）刺激を受けとり，信号に変える細胞（感覚細胞）は，耳ではうずまき管，目では網膜にある。

（3）刺激は感覚器官で信号に変えられ，感覚神経を通って，脳やせきずいに伝えられる。脳やせきずいは刺激の信号を判断し，命令の信号を運動神経を通して筋肉などに伝える。

（4）虹彩は筋肉でできていて，明るいところから暗いところに入ると，虹彩が収縮してひとみが大きくなり，目に入る光の量が多くなる。逆に，暗いところから明るいところに入ると，虹彩が広がってひとみが小さくなり，目に入る光の量が少なくなる。

第3章 天気とその変化

1 圧力・大気圧

STEP 1 要点チェック

テストの **要点** を書いて確認　　　　本冊 P.56

①圧力　②力　③面積　④Pa（N/m²）

---

⑤大きい　⑥小さい

STEP 2 基本問題　　　　本冊 P.57

1 （1）Pa（N/m²）

（2）面積

（3）大きくなる。

（4）小さくなる。

（5）大気圧（気圧）

（6）hPa

2 （1）C

（2）6000Pa

3 エ

解説

1 （1）圧力の単位には，パスカル〔Pa〕やニュートン毎平方メートル〔N/m²〕を使う。

（3）接する面積が一定のとき，圧力ははたらく力の大きさに比例するので，物体に加える力を大きくすると圧力の大きさは大きくなる。

（4）はたらく力の大きさが一定のとき，圧力は力がはたらく面積に反比例するので，力を加える面の面積を大きくすると圧力の大きさは小さくなる。

（6）大気圧（気圧）の単位には，ヘクトパスカル〔hPa〕を使う。

2 ミス注意！

（1）面を垂直におす力が同じであったとしても，力がはたらく面の面積がちがうと，圧力の大きさは変化する。面の面積が小さくなるほど，圧力は大きくなる。

Aの面積…5〔cm〕×2〔cm〕＝10〔cm²〕＝0.001〔m²〕
Bの面積…4〔cm〕×2〔cm〕＝8〔cm²〕＝0.0008〔m²〕
Cの面積…4〔cm〕×5〔cm〕＝20〔cm²〕＝0.002〔m²〕
この中では，スポンジとふれ合う面が，Bのときにもっともへこみ方が大きく，Cのときにもっともへこみ方が小さい。

（2）圧力を求める式は次のとおり。

$$圧力〔Pa〕＝\frac{面を垂直におす力〔N〕}{力がはたらく面の面積〔m²〕}$$

面を垂直におす力は6Nで，面の面積は（1）より0.001m²である。よって，求める圧力は，

$$\frac{6〔N〕}{0.001〔m²〕}＝6000〔Pa〕 \ となる。$$

3 ピストンを右におすと，注射器内の空気が圧縮され，注射器内の気圧が高くなる。気圧はあらゆる向きに同じ大きさではたらくので，注射器内の発泡ポリスチレンは同じ形のまま小さくなる。

STEP 3 得点アップ問題　　　　本冊 P.58

1 （1）同じ

(2) 4N

(3) A

(4) 4500Pa

2 (1) 人さし指

(2) 2000Pa

(3) 50倍

3 (1) 45000N

(2) 112500Pa

(3) 150000Pa

4 (1) イ

(2) エ

5 (1) ア

(2) 山頂のほうが大気圧が小さく，菓子袋を外側からおす力も小さいため。

6 (1) へこむ。（つぶれる。）

(2) エ

解説

1 ミス注意！

(1) A面を下にしたときと，B面を下にしたときと，C面を下にしたときで，力のはたらく面の面積がちがうので，スポンジが受ける圧力の大きさは異なるが，物体がスポンジをおす力は同じである。

(2)B面を下にしたとき，スポンジが受ける圧力は2000Pa。
B面の面積は20cm²。これをm²になおすと，
20÷10000=0.002[m²]　となる。
物体がスポンジをおす力をxNとすると，
$$\frac{x[N]}{0.002[m^2]}=2000[Pa]$$　これを解いて，$x=4$[N]
これより，物体がスポンジをおす力は4Nである。

ミス注意！

(3) スポンジが受ける圧力がもっとも小さくなるのは，**もっとも面積の大きい面を下にしたとき**である。

(4)(2)より，物体がスポンジをおす力は4N。さらに5Nの力でおすから，スポンジをおす力は，
4[N]+5[N]=9[N]。
B面の面積は0.002m²より，スポンジが受ける圧力は，$\frac{9[N]}{0.002[m^2]}=4500[Pa]$

2 ミス注意！

(1) 圧力が加わる面積が小さいほうが，より痛みを感じる。

(2)鉛筆の親指側の断面積は0.5cm²。これをm²になおすと，0.5÷10000=0.00005[m²]
鉛筆をおす力は0.1Nなので，圧力は，
$$\frac{0.1[N]}{0.00005[m^2]}=2000[Pa]$$

---

(3) 鉛筆の先端の面積は0.01cm²。これをm²になおすと，0.01÷10000=0.000001[m²]
鉛筆をおす力は0.1Nなので，圧力は，
$$\frac{0.1[N]}{0.000001[m^2]}=100000[Pa]$$
よって，$\frac{100000[Pa]}{2000[Pa]}=50[倍]$

（別解）　圧力は力がはたらく面の面積に反比例するので，0.5[cm²]÷0.01[cm²]=50[倍]
これより，鉛筆の先端にはたらく圧力は，鉛筆の親指側にはたらく圧力の50倍である。

3 (1)100gの物体にはたらく重力の大きさが1Nなので，4500kgのゾウにはたらく重力の大きさは，
0.1[kg]：1[N]=4500[kg]：x[N]より，
$x=45000$[N]となる。
(2)あし4本が地面についているので，45000Nのゾウを支える面積は，
1000[cm²]×4=4000[cm²]=0.4[m²]
よって，ゾウが地面におよぼす圧力は
45000[N]÷0.4[m²]=112500[Pa]
(3)あしを1本上げたので，ゾウを支える面積はあし3本分の，1000[cm²]×3=3000[cm²]=0.3[m²]となる。よって，このときゾウが地面におよぼす圧力は，45000[N]÷0.3[m²]=150000[Pa]

4 (2)びんのふたの面積は5cm²，びんの底面積は25cm²。これらをそれぞれm²になおすと，
びんのふた：5÷10000=0.0005[m²]
びんの底：25÷10000=0.0025[m²]
質量100gの物体にはたらく重力の大きさを1Nとすると，質量が100gのびんに加わる力の大きさは1N。
これより，
ア…$\frac{1[N]}{0.0025[m^2]}=400[Pa]$
イ…　びんに水を500g入れると，質量は合計600g。加わる力の大きさは6Nだから，
$$\frac{6[N]}{0.0025[m^2]}=2400[Pa]$$
ウ…$\frac{1[N]}{0.0005[m^2]}=2000[Pa]$
エ…　びんに水を100g入れると，質量は合計200g。加わる力の大きさは2Nだから，
$$\frac{2[N]}{0.0005[m^2]}=4000[Pa]$$
よって，スポンジのへこみがいちばん大きいのは**エ**。

5 (1)(2)標高の高いところへ行くほど，その上にある大気の重さが小さくなるので，気圧が小さくなる。そのため菓子袋の中の気圧より，菓子袋の外の気圧が小さくなり，菓子袋はふくらむ。

6 (1)(2)缶の中の水が沸騰した直後では，缶の中には水蒸気が満たされている。しかし，時間がたって冷やされ，水蒸気が再び水にもどると，**缶の中の気圧が下がってしまい，真空に近い状態になる**。このため，缶

の中の気圧が外の空気の気圧よりも低くなり，缶はつぶれる。

2 気象の観測

STEP 1 要点チェック

テストの要点を書いて確認　　　本冊 P.60

①0〜1　　②2〜8　　③9〜10　　④時計
⑤反時計

STEP 2 基本問題　　　本冊 P.61

1 (1)18.0℃
　(2)62%

2 風向 北西　　風力 3　　天気 晴れ

3 (1)等圧線
　(2)A 1012hPa　　B 1006hPa
　(3)C
　(4)P 低気圧　　Q 高気圧
　(5)P ア，エ　　Q イ，オ

解 説

1 (1) 左側は乾球，水でぬらしたガーゼでつつまれた右側は湿球である。**乾球の示度が気温**となる。
(2)乾球の示度は18℃，湿球の示度は14℃で，乾球と湿球の示度の差は，18−14＝4〔℃〕
よって，下のように，**湿度表**を使って，湿度を読みとる。

乾球の示度〔℃〕	乾湿球の示度の差〔℃〕					
	0	1	2	3	4	5
19	100	90	81	72	63	54
18	100	90	80	71	62	53
17	100	90	80	70	61	51
16	100	89	79	69	59	50
15	100	89	78	68	58	48
14	100	89	78	67	57	46
13	100	88	77	66	55	45

2 **風向は矢ばねの向き**，つまり矢ばねの先から天気記号に向かう向きなので，「北西」になる。また，**風力は矢ばねの数**で表すので，「3」になる。**天気は天気図記号**で表す。

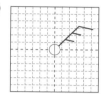
風向
北西　　風力3

3 (2)等圧線はふつう4hPaごとに引かれる。**A**地点の等圧線は，1020hPaの等圧線よりも8hPa低いので，1020−8＝1012〔hPa〕
B地点は，1004hPaの等圧線と1008hPaの等圧線の中間にあるので，1006hPaとなる。
(3)**等圧線の間隔がせまいほど**，気圧の差が大きいの

で，**強い風がふく**。よって，風が強い順に並べると，**C→B→A**となる。
(4)**P**はまわりよりも気圧が低いので低気圧。**Q**はまわりより気圧が高いので高気圧になる。
(5)低気圧の中心付近には反時計まわりに風がふきこんでくるので，**上昇気流**が生じる。高気圧の中心付近からは時計まわりに風がふき出すので，**下降気流**が生じる。

STEP 3 得点アップ問題　　　本冊 P.62

1 (1)1.5m
　(2)

　(3)気温 17.0℃　　湿度 70%
　(4)エ

2 (1)等圧線
　(2)約1013hPa
　(3)1012hPa
　(4)d
　(5)等圧線の間隔がもっともせまいから。
　(6)c
　(7)A
　(8)A 下降気流　　B 上昇気流
　(9)A ウ　　B ア
　(10)ウ
　(11)イ

解 説

1 (2)**図1**の旗は風がふいていくほうへたなびく。風向は風のふいてくる向きなので，このときの風向は北東である。このときの雲量は7ぐらいなので，天気は晴れになる。
天気図記号の矢ばねの向きは，東を示す線から45°北に傾いたところ，矢ばねの数は3となる。

北
風向
西　　東
南

(3) **図3**の乾湿計は，示度の低いほうが湿球なので，左が湿球，右が乾球になる。気温は乾球の示度で示される。湿球の示度は14℃，乾球の示度は17℃なので，示度の差は，17−14＝3〔℃〕
次のように湿度表を使って示度を読みとる。

乾球の示度〔℃〕	乾湿球の示度の差〔℃〕				
	2	③	4	5	6
20	81	72	64	56	48
19	81	72	63	54	46
18	80		62	53	44
⑰	80	70	61	51	43
16	79	69	59	50	41
15	78	68	58	48	39
14	78	67	56	46	37
13	77	66	55	45	34
12	76	64	53	42	32
11	75	63	52	40	29

ミス注意！

湿球の球部は、水にぬれたガーゼでつつまれている。水は蒸発するときにまわりから熱をうばうので、**湿球の示度は乾球の示度よりもつねに低くなる。**

(4) 晴れた日の夜、**地表からの熱が宇宙空間ににげて、気温が低下する現象を放射冷却**という。くもりや雨の日には、**雲によって地表からの熱が吸収され、宇宙空間に熱がにげるのを防ぐ**ため、放射冷却があまり起こらない。

2 (3) b地点は、1020hPaの太い等圧線よりも8hPa気圧が低いので、1020 − 8 = 1012〔hPa〕

(4)(5) 等圧線の間隔がせまいほど、強い風がふくので、風が強い順に、**d→c→b→a**となる。

(6) 風は、**気圧の高いところから低いところへ向かってふく。**また、風は等圧線に直角ではなく、**右に少し傾いた向きにふく**ので、b〜dの風向は、下の図のようになる。

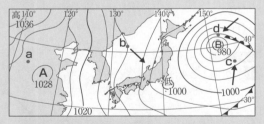

ミス注意！

風向は、風がふいていく向きではなく、風がふいてくる向きで表すことに注意。

(7) Aは1028hPaでまわりより気圧が高いので高気圧、Bは980hPaでまわりより気圧が低いので低気圧である。

(8) **高気圧の中心付近には下降気流、低気圧の中心付近には上昇気流**が生じる。

(9) 高気圧の中心からは時計まわりに風がふき出す。低気圧の中心では反時計まわりに風がふきこむ。

(10) 高気圧の中心付近では、下降気流によって雲が発生しにくいので、**晴れている**ことが多い。低気圧の中心付近では、上昇気流によって雲が発生し、**くもりか雨**のことが多い。

(11) 気圧は、上空の空気の重さによって生じる。**標高が高い地点ほど、その上にある空気の量が少ないため、気圧が低くなる。**

3 前線と天気の変化

本冊 P.64

STEP 1 要点チェック

テストの 要点 を書いて確認

①乱層雲　②温暖前線　③積乱雲　④寒冷前線
⑤寒冷前線　⑥温暖前線　⑦下がる　⑧上がる

STEP 2 基本問題

本冊 P.65

1 (1) A エ　　B ウ　　C イ　　D ア
　 (2) A イ　　B ア　　C エ　　D ウ

2 (1) A 寒冷前線　B 温暖前線
　 (2) a 積乱雲　　b 乱層雲
　 (3) P地点 下がる。　　Q地点 上がる。

3 ①西　②東　③西　④東

解説

1 (1) 寒気の勢力が強く、寒気が暖気の下にもぐりこみ、暖気をおし上げたときに、寒冷前線ができる。暖気の勢力が強く、暖気が寒気の上をはい上がったときに、温暖前線ができる。

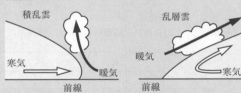

（2）アは温暖前線、イは寒冷前線、ウは閉そく前線、エは停滞前線を表している。

2 (1) Aは寒気が暖気をおし上げているので寒冷前線、Bは暖気が寒気の上にはい上がっているので温暖前線である。

(2) 寒冷前線付近では激しい上昇気流が生じるため、積乱雲のように垂直に発達する雲が発生する。温暖前線付近ではゆるやかな上昇気流が生じるため、乱層雲のように広範囲に広がる雲が発生する。

(3) P地点は、寒冷前線（A）の通過後に寒気におおわれるので、気温が下がる。Q地点は、温暖前線（B）の通過後に暖気におおわれるので、気温が上がる。

3 日本の上空には、**偏西風という西よりの強い風がつね**にふいている。偏西風によって、**低気圧や移動性高気圧は西から東へ移動**することが多い。このため、天気**も西から東へ変わっていくことが多い。**

1. (1)温帯低気圧

(2)停滞前線

(3)A 寒冷前線　　B 温暖前線

(4)A エ　　　B イ

(5)ウ

(6)エ（→）イ（→）ウ（→）ア

(7)ウ

(8)寒冷前線が温暖前線に追いついてできる。

2. (1)寒冷前線 オ　　温暖前線 イ

(2)ウ

3. (1)エ（→）ア（→）ウ（→）イ

(2)c

(3)天気は一般に西から東へ変化していく。

解説

1. (1) **温帯低気圧はふつう前線をともなう。** 熱帯地方で発生する熱帯低気圧はふつう，前線をともなわない。

(2)**停滞前線をつくる寒気と暖気のバランスがくずれる**と，前線が波打ち，そこに低気圧ができる。

(3)低気圧の中心から東側に温暖前線，西側に寒冷前線ができる。

> **ミス注意！**
>
> 前線の記号はよく出題されるので，確実におぼえておこう。
>
> 温暖前線　寒冷前線　閉そく前線　停滞前線

(4)**寒冷前線の前線面は傾斜が急で，激しい上昇気流**が生じるので，垂直に発達する**積乱雲**などが発生する。**温暖前線の前線面は傾斜がゆるやかで，広い範囲に発達する乱層雲などが発生する。**

(5)**寒冷前線は寒気が暖気をおし上げて進み，温暖前線は暖気が寒気の上をはい上がって進む。**

(6)**低気圧はふつう西から東へ移動する**ので，P地点では温暖前線が通過するため，雨が降り始める（**エ**）。**温暖前線の通過後は，雨がやんで暖気におおわれる**ので，気温が上がる（**イ**）。その後，寒冷前線が通過するので，**激しいにわか雨が降る（ウ）。** 寒冷前線の通過後は，雨がやんで寒気におおわれるので，気温が下がる（**ア**）。

(7)**寒冷前線は温暖前線よりも速く進む**ので，やがて寒冷前線が温暖前線に追いつき，閉そく前線ができる。

2. (1)**寒冷前線が通過すると，寒気におおわれるので気温が急に下がる。温暖前線が通過すると，暖気におおわれるので気温が上がる。**

(2)温暖前線によって，広い範囲に雨が降り続く。前線通過後は風向が南よりになる。寒冷前線によって，せまい範囲に強い雨が降る。前線通過後は風向が北よりになる。

> **ミス注意！**
>
> 8時から10時の間に風向が南向きになり，18時から20時の間に風向が北向きになるものは，**イとウ**である。ここで，雨が降っている時間に注目すると，温暖前線では前線通過前に雨が降り，寒冷前線では前線通過後に雨が降るので，条件にあてはまるのは**ウ**になる。

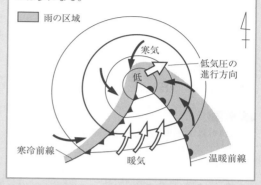

□ 雨の区域

寒気　低気圧の進行方向
低
寒冷前線　暖気　温暖前線

3. (1)**日本付近では，低気圧や移動性高気圧は西から東へ移動する。** 低気圧Aと高気圧Bが西から東へ移動していくようすをまとめると，次の図のようになる。

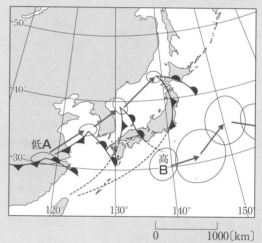

低A　高B

(2)上の図より，低気圧Aは12時間におよそ800km，高気圧Bはおよそ500km移動しているので，1日に低気圧は1600km，高気圧は1000km移動すると考えられる。

(3)日本付近では，上空にある**偏西風の影響で，低気圧や移動性高気圧はふつう西から東へ移動する。** 低気圧や移動性高気圧によって天気が変化するので，天気も西から東へ変化する。

4 大気の動き

STEP 1 **要点チェック**

テストの要点を書いて確認　　　　本冊 P.68

①海風　　②陸風

1 (1)ア

(2)赤道付近

(3)高緯度→低緯度

(4)偏西風

2 (1)季節風

(2)A

(3)B

(4)南東

3 (1)A 海風　　　B 陸風

(2)A 日中　　　B 夜間

解 説

1 (1)太陽が真南にきたときの高さは，右の図のように極地方よりも赤道付近のほうが高くなる。同じ面積の地面が受けとる太陽の光の量は，太陽の高さが高いほど大きくなる。

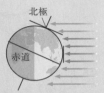

このため，**赤道付近は気温が高く，極地方は気温が低く**なる。

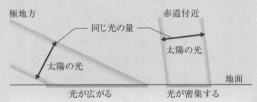

(2)赤道付近では，同じ面積の地面が受けとる太陽の光の量が多いため，気温が高くなり，上昇気流が生じる。逆に，極地方では，地面が受けとる太陽の光の量が少なく，気温があまり上がらず，下降気流が生じる。

(3)大気の温度差によって，**極地方では下降気流，赤道付近では上昇気流**が生じるので，**地表付近では高緯度→低緯度の向きに大気が動く**。上空では低緯度→高緯度の向きに大気が動く。

(4)偏西風は，中緯度帯の上空に**西から東へ向かって**，地球を1周するような大気の流れである。

2 (1)季節に特有の風を，**季節風**という。

(2)地面はあたたまりやすく冷めやすく，海面はあたたまりにくく冷めにくい。そのため，夏にはユーラシア大陸があたたまり，太平洋のほうが冷たくなる。

(3)あたたまった大陸上には上昇気流が生じて低気圧が，太平洋上には下降気流が生じて高気圧ができる。

(4)太平洋上からユーラシア大陸上へ向かって南東の季節風がふく。

3 **海岸地方において，日中海から陸に向かってふく風を海風，夜間陸から海に向かってふく風を陸風という。**

1 (1)①多い　　②高い　　③上昇　　④下降

---

(2)太陽のエネルギー

(3)エ

(4)日本付近の上空には，偏西風とよばれる強い西よりの風がふいているから。

2 (1)北西

(2)冬

(3)A 高気圧　　　B 低気圧

3 (1)砂

(2)ア

(3)砂の上

(4)水の上から砂の上

(5)夏

4 (1)エ

(2)日中 **b**　　　夜間 **a**

解 説

1 (1)**大気の温度が高いと，密度が小さくなるために大気は上昇し，大気の温度が低いと，密度が大きくなるために大気は下降する。**

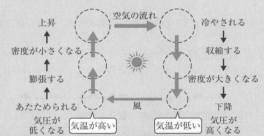

(2)大気は，**太陽のエネルギー**などの影響によって，**地球規模で循環**している。

(3)**赤道付近では上昇気流，極地方では下降気流**ができているので，地表付近では**高緯度→低緯度**の向きに大気が動いていく。

2 (1)図の季節風は，北西にあるユーラシア大陸から南東の太平洋へ向かってふいている。

(2)冬の季節風の風向は北西になる。

(3)風は，**気圧の高いところから低いところへ向かって**ふく。

3 (1)砂のほうが，水に比べてあたたまりやすい。このことは，図2のグラフからもわかる。

(2)砂の上の空気はあたためられて膨張し，密度が小さくなって上昇する。そのため砂の上付近の煙は上昇し，空気の循環によって水の上では煙が下降するようすが見られる。

(3)砂の上では，空気が上昇するため気圧は低くなる。

(4)空気は，気圧の高いほうから低いほうへと動く。そのため，水の上から砂の上へと空気が動くと考えられる。

(5)夏には，南の海上から陸に向かって南東の季節風がふく。

4 (1)岩石などに比べて，**水はあたたまりにくく，冷めにくい**。日中は，陸のほうが海よりも温度が高くなるので，陸上のほうが気圧は低くなる。夜間は，陸のほうが海よりも温度が低くなるので，陸上のほうが気圧は高くなる。

(2)風は，**気圧の高いところから低いところへ向かってふく**。

5 日本の天気

本冊 P.72

STEP 1 **要点チェック**

テストの **要点** を書いて確認

①西高東低　　②北西　　③移動性高気圧
④南高北低　　⑤南東

STEP 2 **基本問題**

本冊 P.73

1 (1)A シベリア気団　　B オホーツク海気団
　　C 小笠原気団
(2)A エ　　B イ　　C ア

2 ①イ　②エ　③ケ　④ア　⑤ク　⑥ア
⑦オ

3 (1)エ
(2)積乱雲

解説

1 (1) シベリア気団はユーラシア大陸のシベリア地方，オホーツク海気団はオホーツク海，小笠原気団は北太平洋西部で発生する。
(2) シベリア気団やオホーツク海気団のように，**北にある気団は冷たく**，小笠原気団のように，**南にある気団はあたたかい**。また，シベリア気団のように**陸上の気団は乾燥している**が，オホーツク海気団や小笠原気団のように，**海上の気団はしめっている**。

2 冬にはシベリア気団が発達し，**西高東低の気圧配置**になり，**北西の季節風**がふく。この季節風は，日本海を通過するときに大量の水蒸気をふくみ，**日本海側に大雪**をもたらす。
春や秋には，**偏西風の影響で，低気圧と移動性高気圧が交互に日本付近に訪れる**ので，天気が４～７日の周期で変わる。

初夏や秋のはじめには，**オホーツク海気団と小笠原気団の勢力がほぼ同じになり，２つの気団の間に停滞前線ができる**。
夏には小笠原気団が発達し，南高北低の気圧配置になり，南東の季節風がふく。この季節風は大量の水蒸気をふくむため，**蒸し暑い日が続く**。

3 (1)**熱帯地方の海上**では，強い日ざしによって，海の水がさかんに蒸発するので，**激しい上昇気流が生じ，積乱雲ができる**。この積乱雲が集まって，**熱帯低気圧**が発生する。台風は，熱帯低気圧が発達して，中心付近の最大風速が17.2m/s以上になったものである。
(2) 台風の中心には，下降気流によって「**台風の目**」とよばれる雲のない部分があり，そのまわりを積乱雲がとりまいている。

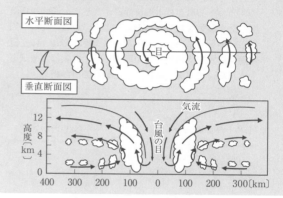

水平断面図

垂直断面図

STEP 3 **得点アップ問題**

本冊 P.74

1 (1)C
(2)熱帯地方の海上
(3)ア

2 (1)①北西　②水蒸気　③上昇　④積乱雲
　　⑤雪　⑥晴れ
(2)シベリア気団
(3)西高東低

3 (1)南高北低
(2)ウ
(3)A
(4)C
(5)①D　②A　③B
(6)偏西風の影響で，低気圧や高気圧は西から東へ移動する。

4 (1) A 冷たく乾燥している。
　　　B 冷たくしめっている。
　　　C あたたかくしめっている。
(2)①A
　　②C
(3)B，C

解説

1 (1)台風は前線をともなわず，間隔がせまくて密なほぼ同心円状の等圧線をもつ。

(2)台風は，熱帯地方の海上で発生した**熱帯低気圧**が発達したものである。

> **ミス注意！**
>
> 「熱帯地方」だけでは不十分。**海から水が大量に蒸発して熱帯低気圧が発生する**ので，「熱帯地方の海上」と答えること。

(3)台風は，はじめは北西に進むが，偏西風によって，小笠原気団のへりに沿うように北東に進路を変える。

2 (1)(2)**シベリア気団は冷たく，乾燥している**ため，そこからふき出す季節風も冷たく，乾燥している。この北西の季節風が日本海を通過するとき，**海面から蒸発した水蒸気をたくさんふくむ**ようになる。この季節風が日本列島の山脈にぶつかって上昇するときに，**日本海側に雪を降らせる**。山脈をこえた大気は水蒸気を失うため，**太平洋側は乾燥した晴れの日が続く**。

(3)西の大陸上に高気圧，東の太平洋上に低気圧があるので，**西高東低の気圧配置**になっている。

3 Aは夏，Bは梅雨，Cは冬，Dは春の天気図である。

> **ミス注意！**
>
> 天気図を見て季節を答えるときは，次のような特徴をもとに考える。
>
> **西高東低**の気圧配置➡冬の天気図
>
> 天気図に**低気圧**や**高気圧**がたくさん見られる
>
> ➡春や秋の天気図
>
> **東西に長くのびた停滞前線**がある
>
> ➡初夏や秋の初めのころの天気図
>
> **南高北低**の気圧配置➡夏の天気図

(1)Aは，太平洋上の北側に低気圧，南側に高気圧があるので，**南高北低の気圧配置**になっている。

(2)梅雨の時期に発生する，**東西に長くのびた停滞前線**を，梅雨前線という。

(3)**小笠原気団**は梅雨の時期に勢力が強くなり始め，夏に発達し，秋になるとおとろえていく。

(4)冬になると，**シベリア気団**から北の季節風がふく。

(5)①は春や秋，②は夏，③は梅雨の時期の天気の特徴を表している。

(6)偏西風によって，低気圧や移動性高気圧が西から東へ移動するため，日本の天気は西から東へ移り変わる。

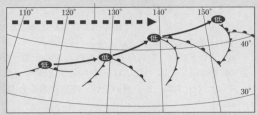

4 (1)Aはシベリア気団，Bはオホーツク海気団，Cは小笠原気団である。北の気団は冷たく，南の気団はあたたかい。また，陸上の気団は乾燥しているが，海上の気団はしめっている。

シベリア気団	オホーツク海気団	小笠原気団
低温，乾燥	低温，湿潤	高温，湿潤

(2)**冬**になると，**シベリア気団**が発達して，北西の季節風がふく。この季節風が日本海側に雪を降らせる。**夏**になると，**小笠原気団**が発達し，南東の季節風がふく。この季節風は大量の水蒸気をふくむため，日本では蒸し暑い日が続く。

(3)梅雨の時期には，**オホーツク海気団と小笠原気団の勢力がほぼ同じになり，停滞前線ができる**。この停滞前線を**梅雨前線**という。秋にも停滞前線ができるが，これを**秋雨前線**という。

6 大気中の水の変化

STEP 1 要点チェック

テストの 要点 を書いて確認　　　本冊 P.76

①（その温度での）飽和水蒸気量　②高い　③凝結

STEP 2 基本問題　　　本冊 P.77

1 (1)7.0g

(2)75%

(3)84%

2 (1)13.1g

(2)57%

(3)20℃

(4)7.9g

3 ①イ　②ア　③イ　④露点　⑤凝結

解説

1 (1)まだふくむことができる水蒸気の量〔g/m³〕＝飽和水蒸気量〔g/m³〕−空気1m³中にふくまれている水蒸気の量〔g/m³〕より，10.0−3.0＝7.0〔g〕

(2)11℃のときの飽和水蒸気量は10.0g/m³である。

$$湿度〔\%〕=\frac{空気1m^3中にふくまれる水蒸気量〔g/m^3〕}{その温度での飽和水蒸気量〔g/m^3〕}$$

×100より，$\frac{7.5}{10.0}×100=75$〔%〕

(3)$\frac{8.4}{10.0}×100=84$〔%〕

2 (1) 30℃のときの飽和水蒸気量は30.4g/m³より，ふくむことのできる水蒸気の量は，30.4 − 17.3 = 13.1〔g〕

(2) この空気は，1 m³あたり17.3gの水蒸気をふくんでいるので，湿度は，$\frac{17.3}{30.4} \times 100 = 56.9\cdots$より，57%

(3) 空気にふくまれている水蒸気の量が飽和水蒸気量と等しくなったとき，湿度が100%になり，露点に達する。

(4) 10℃のときの飽和水蒸気量は9.4g/m³である。水滴になる量〔g〕＝空気 1 m³中にふくまれる水蒸気の量〔g〕−冷やした温度の飽和水蒸気量〔g/m³〕より，17.3 − 9.4 = 7.9〔g〕

3 上空はその上にある大気の量が少ないので，地上よりも気圧が低い。このため，水蒸気をふくむ空気のかたまりが上昇すると，空気は膨張する。空気は膨張すると温度が下がり，やがて露点に達して水蒸気が凝結する。

STEP 3　得点アップ問題　　　　　　　　　　本冊 P.78

1 (1) 露点

(2) 1800g

(3) 63%

(4) 940g

2 (1) 86%

(2) 6 g

(3) 15℃

(4) B，D

(5) D

(6) 気温によって飽和水蒸気量が変化するから。

3 (1) 水蒸気を凝結させるときの核とするため。

(2) エ

(3) イ

(4) 空気が膨張して，空気の温度が露点以下に下がり，水蒸気が水滴になったから。

4 (1) まわりの気圧が低くなるから。

(2) イ

(3) 空気の温度 露点　　湿度 100%

(4) ○ 水蒸気　　● 水滴　　★ 氷の結晶

解　説

1 (1) コップの中の水の温度は，コップのまわりの空気の温度と同じと考えることができるので，**コップがくもり始めたときの水の温度が露点を表している。**
(2) (1)より，実験室の空気の露点は18℃になるので，空気 1 m³中に15.4gの水蒸気（＝18℃のときの飽和水蒸気量）をふくむ。**くみおきの水を使っているので，実験前の水の温度は実験室の空気の温度と同じになっている**と考えられる。よって，実験室の空気の温度は26℃になるので，飽和水蒸気量は24.4g/m³である。ま

だふくむことができる水蒸気の量〔g/m³〕＝飽和水蒸気量〔g/m³〕−空気にふくまれている水蒸気の量〔g/m³〕より，空気 1 m³中にふくむことができる水蒸気の量は，24.4 − 15.4 = 9.0〔g〕
実験室の容積は200m³なので，実験室全体でふくむことができる水蒸気の量は，9 × 200 = 1800〔g〕

(3) 湿度〔%〕＝

$\dfrac{空気 1 m³中にふくまれる水蒸気量〔g/m³〕}{その温度での飽和水蒸気量〔g/m³〕} \times 100$ より，

$\frac{15.4}{24.4} \times 100 = 63.1\cdots$　よって，63%

(4) 12℃のときの飽和水蒸気量は10.7gである。水滴になる量〔g/m³〕＝空気 1 m³中にふくまれる水蒸気の量〔g/m³〕−冷やした温度の飽和水蒸気量〔g/m³〕より，15.4gの水蒸気をふくむ空気 1 m³を12℃まで冷やしたときに出てくる水滴の量は，15.4 − 10.7 = 4.7〔g〕
実験室全体で出てくる水滴の量は，
4.7 × 200 = 940〔g〕

2 (1) 空気Aにふくまれる水蒸気量は約15g/m³で，気温20℃の飽和水蒸気量は約17.5g/m³より，空気Aの湿度は，$\frac{15}{17.5} \times 100 = 85.7\cdots$より，86%
(2) 10℃のときの飽和水蒸気量は約 9 g/m³より，10℃まで冷やしたときに，空気 1 m³中に出てくる水滴の量は，15 − 9 = 6〔g〕
(3) 空気Cの水蒸気量が飽和水蒸気量となるときの気温を調べる。

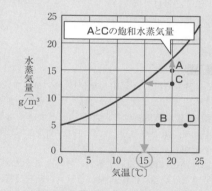

(4) ふくまれる**水蒸気の量が同じだと，露点も同じ**になる。
(5) AとCはDよりも気温が低く，ふくまれる水蒸気の量が多いので，Dよりも湿度が高い。また，BとDはふくまれる水蒸気の量は等しいが，Dの気温のほうが高いので，Dのほうが湿度は低い。

ミス注意!

A〜Dの湿度を計算して求めることもできるが，グラフのようすから判断したほうが，簡単に答えがわかる。

3 (1) 凝結するときの核になるものがないと，空気の温度が露点以下に下がっても，水蒸気が凝結しにくい。
(2)(3) ピストンをすばやく引くと，**フラスコ内の空気が急に膨張して温度が下がる。**このとき，フラスコ

内の空気の圧力が小さくなるため，風船がふくらむ。

4 (1)気圧はその上にある空気の重さによる圧力である。このため，上空は気圧が低くなるので，**上昇した空気のかたまりは膨張する。**

(2)空気が膨張すると温度が下がり，空気が**収縮する**と温度が上がる。

(3)雲は，空気中の水蒸気が凝結して生じた水滴や氷の結晶の集まりである。雲ができ始めたときの温度は，水蒸気が凝結し始める温度，つまり露点を表している。露点に達したときの湿度は100%になる。

(4)aは露点，bは0℃のときの高さを表している。○は地上近くの空気のかたまりにふくまれているので水蒸気，bよりも上にしか見られない★は氷の結晶を表している。残りの●は水滴になる。

第3章｜天気とその変化
定期テスト予想問題
本冊 P.80

❶ (1)イ
(2)イ
(3)①ア　　②ウ
(4)①イ　　②イ

❷ (1)ア
(2)1008hPa
(3)①80%
　　②12.3g
(4)①短い時間に強い雨を降らせた。
　　②エ

解説

❶ (1)**図2**では，低気圧と高気圧が交互に並んでいる。このような天気図は，春や秋によく見られる。

(2)飽和水蒸気量は気温が高いほど大きくなる。したがって，気温がもっとも高い11時30分ごろに飽和水蒸気量がもっとも大きくなる。

(3)寒冷前線が通過すると，寒気におおわれるため，気温が下がる。温暖前線が通過すると，暖気におおわれるため，気温が上がる。**図1**のグラフで，11時30分ごろから気温が急に下がっているので，このとき，寒冷前線が通過したと考えられる。

図2で，日本列島の西のほうに高気圧がある。**高気圧の中心付近には下降気流がある**ので，雲ができにくく，翌日は晴れると思われる。

ミス注意！
> 前線の通過と天気の変化についてはよく出題されるので，整理しておこう。
> **寒冷前線の通過➡気温が下がり，北よりの風がふく。**
> **温暖前線の通過➡気温が上がり，南よりの風がふく。**

❷ (1)**イ**は晴れ，風向は南西，風力2，**ウ**はくもり，風向は北東，風力2，**エ**は晴れ，風向は北東，風力2を表している。

ミス注意！
> 風向は，風がふいていく方向ではなく，**風がふいてくる方向**である。

(2)A地点は，1000hPaの太い等圧線よりも8hPa気圧が高いので，1000＋8＝1008〔hPa〕

(3)①乾球の示度が18℃，湿球の示度が16℃より，示度の差が2℃になるので，**表2**より，湿度は80%になる。

②乾球の示度が気温になるので，このときの気温は18℃である。18℃のときの飽和水蒸気量は15.4g/m³より，空気1m³中にふくまれる水蒸気量は，

$$15.4 \times \frac{80}{100} = 12.32 ≒ 12.3 \text{〔g〕}$$

(4)①**積乱雲**は，夕立などのときに雨を降らせる雲である。**垂直に発達する雲**なので，雨が降る時間は乱層雲などに比べて短いが，強い雨を降らせ，雷などをともなうこともある。

②**急激な上昇気流は，寒冷前線**によって生じたものである。寒冷前線が通過すると，寒気におおわれるため，気温が下がり，風向は北よりに変わる。

第4章｜電流とそのはたらき
1 回路を流れる電流

STEP 1 要点チェック
テストの **要点** を書いて確認
本冊 P.82

①電源（乾電池，電源装置）　②電球
③電流計　　④電圧計　　⑤直列回路　　⑥並列回路

STEP 2 基本問題
本冊 P.83

1 (1)回路図
(2)A電源（乾電池，電源装置）　Bスイッチ
　C電球
(3)a

2 (1)直列回路
(2)ア
(3)b点 200mA　c点 200mA
(4)bc間 4V　ac間 6V

3 (1)並列回路
(2)e点 200mA　f点 450mA
(3)de間 3V　af間 3V

解説

1 (3)電流は，電源の＋極から－極へ向かって流れる。電源の電気用図記号（Ⓐ）では，長いほうの縦の線が＋極，短いほうの縦の線が－極を表している。

2 (1)電流の流れる道すじが1本でつながっている回路を，**直列回路**という。

(2)電流計の針が目盛りいっぱいふれたときの値が－

端子の値になる。それ以上の大きさの電流が流れると，針がふりきれてしまい，電流計がこわれてしまうことがある。

(3)直列回路では，流れる電流の大きさは回路のどの点でも同じになる。

(4)直列回路では，各部分に加わる電圧の和が電源の電圧（全体の電圧）になるので，
電源の電圧＝ab間の電圧＋bc間の電圧＝ac間の電圧
よって，bc間の電圧は，6－2＝4〔V〕

3 (1)電流の流れる道すじが枝分かれしている回路を，並列回路という。

(2)並列回路では，枝分かれしたあとの電流の和が枝分かれする前の電流になるので，
a点の電流＝c点の電流＋e点の電流＝f点の電流
よって，e点を流れる電流は，450－250＝200〔mA〕

(3)並列回路では，各部分に加わる電圧は電源の電圧と等しくなる。

STEP 3 得点アップ問題　　　　　　　本冊 P.84

1 (1)
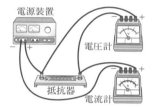
電源装置　電圧計　抵抗器　電流計

(2)b

(3)ア

(4)小さな値の－端子に接続すると，電流計や電圧計の針がふりきれて，電流計や電圧計がこわれてしまうことがあるから。

(5)2.30V

2 (1)2V

(2)豆電球を並列つなぎにすると，豆電球それぞれに100Vの電圧が加わり，豆電球が切れてしまうから。

3 (1)①乾電池　②電流　③電圧

(2)イ

(3)直列回路

(4)直列回路では，それぞれの豆電球に加わる電圧の和が回路全体の電圧になる。

4 (1)b点 500mA　f点 300mA　g点 500mA

(2)ab間 1.8V　cd間 1.2V　ag間 3.0V

(3)A

解説

1 (1)電流計や電圧計の＋端子は電源の＋極側，－端子は－極側につなぐ。電流計は測定する部分に直列，電圧計は測定する部分に並列に接続する。

---

(2)電流は，電源の＋極から電気抵抗を通って－極に向かう向きに流れる。

(5)3Vの－端子に接続しているので，下の目盛りを読む。

2 (1)豆電球50個を直列につなぐと，それぞれの豆電球に加わる電圧の和が100Vになるので，$\dfrac{100}{50}＝2$〔V〕

(2)並列回路では，各部分に加わる電圧は電源の電圧と等しくなる。

3 (1)水流は電気の流れ，つまり電流を表している。水が落下する高さは，回路に電流を流そうとするはたらきである電圧にあたる。ポンプは水を上まで吸い上げるので，乾電池と同じはたらきと考えられる。水車は水に抵抗をあたえるので，豆電球にあたる。

(2)水路の高さを高くするほど，水車がはやく回ることから，**豆電球の両端に加わる電圧が大きいほど豆電球が明るくつくことがわかる。**ポンプの上端の高さと水車のある水路の高さが等しいことから，**豆電球の両端に加わる電圧は電源の電圧と等しいことがわかる。**

(3)2つの水車が1本の水路にあるので，電流の流れる道すじが1本の直列回路を表している。並列回路の水流モデルは，次の図のようになる。

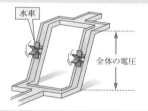
水車　全体の電圧

(4)それぞれの水路の高さは2個の豆電球のそれぞれに加わる電圧，水路全体の高さは全体に加わる電圧を表している。

4 (1)この回路は，豆電球Aと豆電球B，Cを並列につないだ部分が直列につながっている。**並列回路では，枝分かれしたあとの電流の和が枝分かれする前の電流になるので，**
a点の電流＝b点の電流＝d点の電流＋f点の電流＝g点の電流　よって，f点の電流は，500－200＝300〔mA〕

(2)**直列回路では各部分に加わる電圧の和が電源の電圧となり，並列回路では各部分に加わる電圧が等しいので，**ab間の電圧＋cd間の電圧＝ag間の電圧＝電源の電圧　よって，ab間の電圧は，
3.0－1.2＝1.8〔V〕

(3)豆電球Aをゆるめると，そこで回路が切れてしまい，電流が流れない。豆電球Bをゆるめても，豆電球C側の回路がつながっているので，豆電球AとCはついたままである。豆電球Cをゆるめても，豆電球B側の回路がつながっているので，豆電球AとBはついたままである。

2 電流と電圧の関係

テストの要点を書いて確認　　　　　　　　本冊 P.86

① $R \times I$　② $\dfrac{V}{R}$　③ $\dfrac{V}{I}$　④和　⑤小さい

STEP 2 基本問題　　　　　　　　　　　本冊 P.87

1 (1)比例関係
　(2)0.3A
　(3)20.0V
　(4)16.7Ω

2 導体 ア, イ, エ, カ, キ　　不導体 ウ, オ

3 (1)50Ω
　(2)0.12A
　(3)電熱線a 2.4V　　電熱線b 3.6V
　(4)12Ω
　(5)0.5A

解説

1 (1)グラフが原点を通る直線になっているので, 電流と電圧は比例関係にあることがわかる。

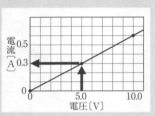

　(2)右の図のようにして, グラフから5.0V
のときの電流を読みとる。
　(3)グラフから, 0.3Aの電流を流すには5.0Vの電圧を加えることがわかる。よって, 4倍の1.2Aの電流を流すには, 4倍の20.0Vの電圧を加えればよい。
　(4)抵抗〔Ω〕＝$\dfrac{電圧〔V〕}{電流〔A〕}$より, 電熱線の抵抗は,

$\dfrac{5.0}{0.3} = 16.66\cdots \doteqdot 16.7$〔Ω〕

2 金属のように, **抵抗が小さく, 電流を通しやすいもの**を導体, ゴムやプラスチックのように, **抵抗がきわめて大きく, 電流をほとんど通さないもの**を不導体(絶縁体)という。

3 (1)直列回路では, **各部分の抵抗の和が全体の抵抗**になるので, $20 + 30 = 50$〔Ω〕
　(2)電流〔A〕＝$\dfrac{電圧〔V〕}{抵抗〔Ω〕}$より, $\dfrac{6}{50} = 0.12$〔A〕
　(3)電圧〔V〕＝抵抗〔Ω〕×電流〔A〕より,
　電熱線a…$20 \times 0.12 = 2.4$〔V〕
　電熱線b…$30 \times 0.12 = 3.6$〔V〕
　(4)回路全体の抵抗をR〔Ω〕とすると,
$\dfrac{1}{R} = \dfrac{1}{20} + \dfrac{1}{30} = \dfrac{5}{60} = \dfrac{1}{12}$　　$R = 12$〔Ω〕
　(5)電源の電圧が6V, 回路全体の抵抗が12Ωより,

$\dfrac{6}{12} = 0.5$〔A〕

STEP 3 得点アップ問題　　　　　　　本冊 P.88

1 (1)

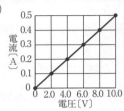

　(2)20Ω
　(3)0.75A
　(4)4.8V

2 (1)ウ
　(2)5Ω
　(3)0.5A
　(4)5V
　(5)10Ω

3 (1)電流計に大きな電流が流れ, 電流計がこわれるおそれがあるから。
　(2)

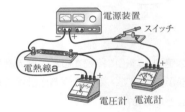

　(3)電熱線a 30Ω　　電熱線b 20Ω
　(4)電熱線a 400mA　　電熱線b 600mA
　(5)①240mA　②電熱線a 7.2V　電熱線b 4.8V
　　③1A　④2.5

解説

1 (1)電流は電圧に比例するので, グラフは原点を通る直線になる。
　(2)電熱線に10.0Vの電圧を加えると0.5Aの電流が流れる。

$抵抗〔Ω〕＝\dfrac{電圧〔V〕}{電流〔A〕}$より, $\dfrac{10.0}{0.5} = 20$〔Ω〕

　(3)$電流〔A〕＝\dfrac{電圧〔V〕}{抵抗〔Ω〕}$で, 電熱線の抵抗が20Ωより,

$\dfrac{15.0}{20} = 0.75$〔A〕

　(4)500mAの－端子を使ったので, 上の目盛りを100倍するか, 下の目盛りを10倍して, 240mA(＝0.24A)の電流が流れていることがわかる。**電圧〔V〕＝抵抗〔Ω〕×電流〔A〕**より, 20Ωの電熱線の両端に加えた電

圧は，$20 \times 0.24 = 4.8$〔V〕

2 (1)電源の－極側の導線は，電流計の－端子と接続する。**電流の大きさが予測できないときは，針がふりきれないようにいちばん大きな値（５Ａ）の－端子と接続**する。

(2)電熱線Ａには5.0Vの電圧が加わっていて，1.0Aの電流が流れるので，抵抗の大きさは，$\dfrac{5.0}{1.0} = 5$〔Ω〕

(3)並列につながれた電熱線ＢとＣは抵抗の大きさがどちらも10Ωなので，電熱線Ａに流れる電流の半分の大きさの電流が流れる。

ミス注意！

> 電熱線Ｂ，Ｃにも電熱線Ａと同じ大きさの電流が流れるとまちがえやすいが，電熱線Ｂと電熱線Ｃを流れる電流の和が電熱線Ａに流れる電流と等しくなる。この場合，電熱線ＢとＣの抵抗の大きさが同じなので，それぞれの電熱線には同じ大きさの電流が流れることから，その大きさは電熱線Ａを流れる電流の大きさの半分になる。

(4)電熱線Ｃの抵抗の大きさは10Ωで，流れる電流が0.5Aより，$10 \times 0.5 = 5$〔V〕

(5)電熱線ＢとＣを並列につないだ部分全体には５Ｖの電圧が加わり，1.0Aの電流が流れるので，並列部分の抵抗は，$\dfrac{5}{1.0} = 5$〔Ω〕

電熱線Ａの抵抗は５Ωなので，回路全体の抵抗は，$5 + 5 = 10$〔Ω〕

（別解）

並列につないだ部分の全体の抵抗をR〔Ω〕とすると，

$\dfrac{1}{R} = \dfrac{1}{10} + \dfrac{1}{10} = \dfrac{2}{10} = \dfrac{1}{5}$　　$R = 5$〔Ω〕

電熱線Ａの抵抗は５Ωなので，回路全体の抵抗は，
$5 + 5 = 10$〔Ω〕

3 (1)電流計の抵抗はひじょうに小さいので，電源に直接つなぐと，電流計の針がふりきれ，こわれてしまうことがある。

(2)**電圧計は電熱線に並列に，電流計は電熱線に直列**につなぐ。

(3)電熱線ａに６Ｖの電圧を加えると0.2Aの電流が流れるので，電熱線ａの抵抗は，$\dfrac{6}{0.2} = 30$〔Ω〕

電熱線ｂに10Vの電圧を加えると0.5Aの電流が流れるので，電熱線ｂの抵抗は，$\dfrac{10}{0.5} = 20$〔Ω〕

(4)グラフから，６Ｖの電圧を加えると，電熱線ａには0.2A（＝200mA），電熱線ｂには0.3A（＝300mA）の電流が流れる。よって，２倍の12Vの電圧を加えると，電熱線ａには400mA，電熱線ｂには600mAの電流が流れる。

（別解）

30Ωの電熱線ａに12Vの電圧を加えたときに流れる電流の大きさは，$\dfrac{12}{30} = 0.4$〔A〕　　$0.4A = 400mA$

20Ωの電熱線ｂに12Vの電圧を加えたときに流れる電

流の大きさは，$\dfrac{12}{20} = 0.6$〔A〕　　$0.6A = 600mA$

(5)①図２の回路全体の抵抗は，$30 + 20 = 50$〔Ω〕
よって，電源の電圧が12Vのとき，回路に流れる電流の大きさは，$\dfrac{12}{50} = 0.24$〔A〕　　$0.24A = 240mA$

②30Ωの電熱線ａに0.24Aの電流が流れるので，加わる電圧は，$30 \times 0.24 = 7.2$〔V〕

20Ωの電熱線ｂに0.24Aの電流が流れるので，加わる電圧は，$20 \times 0.24 = 4.8$〔V〕

③図３の回路全体の抵抗をR〔Ω〕とすると，

$\dfrac{1}{R} = \dfrac{1}{30} + \dfrac{1}{20} = \dfrac{5}{60} = \dfrac{1}{12}$　　$R = 12$〔Ω〕

ｃ点を流れる電流の大きさは，$\dfrac{12}{12} = 1$〔A〕

（別解）

図３で，電熱線ａに流れる電流の大きさは，

$\dfrac{12}{30} = 0.4$〔A〕

電熱線ｂに流れる電流の大きさは，$\dfrac{12}{20} = 0.6$〔A〕

よって，ｃ点を流れる電流の大きさは，
$0.4 + 0.6 = 1$〔A〕

④図２で，電熱線ｂに流れる電流は0.24Aである。また，図３で，電熱線ｂに流れる電流の大きさは，

$\dfrac{12}{20} = 0.6$〔A〕

よって，図３で電熱線ｂに流れる電流の大きさは，図２で電熱線ｂに流れる電流の，$\dfrac{0.6}{0.24} = 2.5$〔倍〕

3 電流のはたらき

STEP 1 要点チェック

テストの要点を書いて確認　　本冊 P.90

①W　②電圧×電流　③J　④電力×時間
⑤電力×時間　⑥1　⑦3600

STEP 2 基本問題　　本冊 P.91

1 (1)1200W
　(2)12A

2 (1)5250J
　(2)5400J
　(3)ウ
　(4)5400J

3 (1)Ａ 5760000J　　Ｂ 8640000J
　(2)Ａ 1.6kWh　　Ｂ 2.4kWh
　(3)Ｂ

解説

1 (1)家庭の配線は並列つなぎになっていて，それぞれの電気器具に同じ大きさの電圧が加わり，1つの電気器具のスイッチを切っても，ほかの電気器具には電流が流れるようになっている。

(2)現在，この家庭で消費している電力は，
1200 ＋ 100 ＋ 100 ＋ 1000 ＝ 2400〔W〕
それぞれの電気器具に100Vの電圧が加わっている。**電力〔W〕＝電圧〔V〕×電流〔A〕**より，流れている電流の合計は，$\frac{2400}{100}$ ＝ 24〔A〕

(3)現在24Aの電流を利用しているので，使える電流は，
30 － 24 ＝ 6〔A〕
電圧の大きさは100Vなので，使える電力は，
100 × 6 ＝ 600〔W〕

(4)現在，消費している電力は2400W ＝ 2.4kW，電流を30分間＝0.5時間，流したときの電力量は，**電力量〔kWh〕＝電力〔kW〕×時間〔h〕**より，
2.4 × 0.5 ＝ 1.2〔kWh〕

2 (1)6Ωの電熱線aと2Ωの電熱線bを直列につないだので，回路全体の抵抗は，6 ＋ 2 ＝ 8〔Ω〕
回路に流れる電流は，$\frac{8.0}{8}$ ＝ 1.0〔A〕
電熱線aに加わる電圧は，6 × 1.0 ＝ 6.0〔V〕
電熱線aで消費した電力は，6.0 × 1.0 ＝ 6.0〔W〕

(2)電熱線aの消費電力は6.0W，5分間電流を流したときに発生する熱量は，**熱量〔J〕＝電力〔W〕×時間〔s〕**より，6.0 × 5 × 60 ＝ 1800〔J〕

(3)100 gの水の温度が4.0℃上昇したので，水が受けとった熱量は，**熱量〔J〕＝4.2×水の質量〔g〕×上昇温度〔℃〕**より，4.2 × 100 × 4.0 ＝ 1680〔J〕

3 (1)水の温度を室温と同じにしておかないと，水がまわりから熱を受けとったり，まわりに熱をあたえたりして測定に影響をあたえる。

(2)＜実験1＞で，消費電力が5Wの電熱線に5分間電流を流したときに発生する熱量は，
5 × 5 × 60 ＝ 1500〔J〕

(3)＜実験2＞では，2個の電熱線を並列につないだので，5V－5Wの電熱線それぞれに5Vの電圧が加わる。それぞれの電熱線に流れる電流の大きさは，
$\frac{5}{5}$ ＝ 1〔A〕
よって，枝分かれする前の電流の大きさは，
1 ＋ 1 ＝ 2〔A〕
(別解)
5V－5Wの電熱線に5Vの電圧を加えたときに流れる電流は，$\frac{5}{5}$ ＝ 1〔A〕
よって，この電熱線の抵抗は，$\frac{5}{1}$ ＝ 5〔Ω〕
全体の抵抗を R〔Ω〕とすると，

解説

1 (1)「100V－1200W」の表示は，100Vの電圧を加えたとき，1200Wの電力を消費することを表している。

(2)**電力〔W〕＝電圧〔V〕×電流〔A〕**より，
$\frac{1200}{100}$ ＝ 12〔A〕

2 (1)100gの水の温度を12.5℃上昇させるので，**熱量〔J〕＝4.2×水の質量〔g〕×上昇温度〔℃〕**より，
4.2 × 100 × 12.5 ＝ 5250〔J〕

(2)電熱線の消費電力は18Wで，5分間電流を流したので，**熱量〔J〕＝電力〔W〕×時間〔s〕**より，
18 × 5 × 60 ＝ 5400〔J〕

(3)電熱線から発生した熱はすべてが水の温度上昇には使われず，**熱の一部はまわりににげてしまう。**

(4)**電力量〔J〕＝電力〔W〕×時間〔s〕**より，
18 × 5 × 60 ＝ 5400〔J〕

3 (1)消費電力800Wの電気ストーブAを2時間使ったときの電力量は，800 × 2 × 60 × 60 ＝ 5760000〔J〕
消費電力1200Wの電気ストーブBを2時間使ったときの電力量は，1200 × 2 × 60 × 60 ＝ 8640000〔J〕

(2)**電力量〔kWh〕＝電力〔kW〕×時間〔h〕**
電気ストーブAの消費電力は800W ＝ 0.8kWより，2時間使ったときの電力量は，0.8 × 2 ＝ 1.6〔kWh〕
電気ストーブBの消費電力は1200W ＝ 1.2kWより，2時間使ったときの電力量は，1.2 × 2 ＝ 2.4〔kWh〕

(3)**消費電力が大きいほど，消費される電気エネルギーも大きくなり，電気のはたらきも大きくなる。**

STEP 3 得点アップ問題　　　本冊 P.92

1 (1)並列つなぎ
(2)24A
(3)600W
(4)1.2kWh

2 (1)6.0W
(2)1800J
(3)1680J
(4)電熱線から発生した熱の一部がまわりににげたから。

3 (1)水の温度を室温と同じにするため。
(2)1500J
(3)2A
(4)

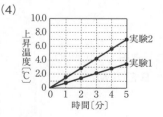

(5)2倍

$$\frac{1}{R} = \frac{1}{5} + \frac{1}{5} = \frac{2}{5} \qquad R = 2.5 \ (\Omega)$$

枝分かれする前の電流の大きさは，

$$\frac{5}{2.5} = 2 \ (A)$$

(4)＜実験１＞と＜実験２＞の上昇温度は，次の表のようになる。

時間〔分〕	0	1	2	3	4	5
実験1〔℃〕	0	0.7	1.4	2.1	2.8	3.5
実験2〔℃〕	0	1.4	2.8	4.2	5.6	7.0

(5)＜実験１＞では水温が１分間に0.7℃ずつ上昇しているが，＜実験２＞では水温が１分間に1.4℃ずつ上昇している。

(6)２個の電熱線の消費電力はそれぞれ５Ｗで，５分間電流を流すので，発生した熱量は，

$(5 + 5) \times 5 \times 60 = 3000$ 〔J〕

(7)＜実験２＞では，５分間で100gの水の温度が7.0℃上昇したので，水が得た熱量は，

$4.2 \times 100 \times 7.0 = 2940$ 〔J〕

２個の電熱線から発生した熱量の合計は3000Jより，まわりににげた熱は，$3000 - 2940 = 60$ 〔J〕

4 電流と磁界

STEP 1 要点チェック

テストの**要点**を書いて確認　　　　　本冊 P.94

①磁界　　②磁力線　　③電磁誘導　　④電流の向き
⑤磁界の向き

STEP 2 基本問題　　　　　本冊 P.95

1 (1)a エ　　b ア　　c ウ　　d イ
　 (2)e ウ　　f ウ
2 (1)a
　 (2)a
3 (1)誘導電流
　 (2)－側

解 説

1 (1)図１のように，電流の向きにねじの進む向きを合わせると，ねじを回す向きが磁界の向きになる。

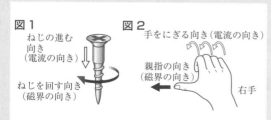

図１
ねじの進む
向き
（電流の向き）

ねじを回す向き
（磁界の向き）

図２
手をにぎる向き（電流の向き）

親指の向き
（磁界の向き）

右手

(2)図２のように，右手の親指以外の４本の指を電流の向きに合わせると，のばした親指の向きがコイル内の磁界の向きになる。

---

2 (1)磁界の向きが一定のとき，**電流の向きが逆になると，電流が磁界から受ける力の向きも逆になる**ため，コイルは逆向きに動く。
　(2)電流の向きが一定のとき，**磁界の向きが逆になると，電流が磁界から受ける力も逆になる**ため，コイルは逆向きに動く。

3 (1)電磁誘導によって流れる電流を**誘導電流**という。
　(2)棒磁石のN極をコイルから遠ざけると，N極を近づけたときと磁界の変化が逆向きになるので，生じた誘導電流の向きも逆向きになる。

STEP 3 得点アップ問題　　　　　本冊 P.96

1 (1)c
　(2)a ア　　b イ　　c イ　　d イ　　e ア
　(3)電流の向きを逆向きにする。
　(4)

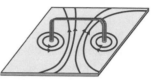

2 (1)電流を大きくする前に比べて速く転がる。
　(2)フェライト磁石の表と裏をすべて反対にする。
　　（S極が上になるように並べる。）
　　電源からの導線を逆につなぎかえる。
3 (1)a ブラシ　　b 整流子
　(2)コイルが半回転するごとに，電流の向きを変える。
　(3)①ア　　②イ　　③イ　　④ア　　⑤オ
4 (1)②イ　　③イ　　④ア
　(2)コイル内の磁界をつねに変化させることで，誘導電流が流れ続けるから。

解 説

1 (1)図１のコイルの左側の部分には時計まわりの磁界，コイルの右側の部分には反時計まわりの磁界ができる。コイルの内側のcでは２つの磁界が重なるので，磁界がいちばん強くなる。

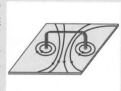

ミス注意！

コイルの左側の部分では電流は上から下に流れ，右側の部分では電流は下から上に流れているので，生じる磁界は逆向きになる。

(2)**方位磁針のN極の向きと磁界の向きが一致する。**
(3)**電流の向きを変えると，磁界の向きが逆になる。**
(4)図２の模様に矢印をつけたものが磁力線になる。

2 (1)電流の大きさが大きいほどパイプにはたらく力は，大きくなる。

(2)電流が磁界から受ける力の向きは，電流の向きと磁界の向きによって決まる。

3 (1)(2)整流子が接触するブラシが半回転するごとに変わるので，**半回転するたびに，電流がコイルから受ける力の向きが変化する。**

(3)図1では，N極→S極の向きに磁界が生じる。導線ABではB→Aの向きに電流が流れ，導線CDではD→Cの向きに電流が流れる。このため，導線ABには上向きの力，導線CDには下向きの力がはたらく。

図2でも，N極→S極の向きに磁界が生じる。導線ABではA→Bの向きに電流が流れ，導線CDではC→Dの向きに電流が流れる。このため，導線ABには下向きの力，導線CDには上向きの力がはたらく。

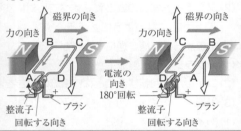

4 (1)①は棒磁石のN極がコイルに近づいているので，コイルの上端がN極になるような向きに磁界ができるように誘導電流が流れる。②はN極がコイルから遠ざかっているので，コイルの上端がS極になるような向きに磁界ができるため，誘導電流の向きは①と逆になる。③はS極が近づいているので，コイルの上端がS極になるような向きに磁界ができるため，誘導電流の向きは①と逆になる。④はS極が遠ざかっているので，コイルの上端がN極になるような向きに磁界ができるため，誘導電流の向きは①と同じになる。

(2)磁石が回転することで，コイルの磁界がつねに変化し，誘導電流が流れ続けるため，ライトが点灯し続ける。

5 静電気と電流

テストの要点を書いて確認 本冊 P.98

①しりぞけ合う ②引き合う ③−極

④陰極線（電子線） ⑤＋極

---

1 ①＋ ②しりぞけ合う ③引き合う

2 (1)静電気（摩擦電気）

(2)放電

3 (1)誘導コイル

(2)電極a −極 電極b ＋極

(3)陰極線（電子線）

(4)電子

(5)−（の電気）

(6)電子の流れ

解 説

1 ストロー2本をティッシュペーパーでこすると，ティッシュペーパーから−の電気をもった電子が2本のストローに移動し，ティッシュペーパーは＋の電気，2本のストローは−の電気を帯びるようになる。**同じ種類の電気どうしにはしりぞけ合う力がはたらき，ちがう種類の電気どうしには引き合う力がはたらく。**

2 (2)静電気を帯びた物体に電流が流れやすい物体を近づけると，**たまっていた−の電気（電子）が移動して，電流が流れる。**この現象を**放電**という。雷のように，電気が空間を移動する現象も放電とよばれる。

3 (2)(3)陰極線は−極から＋極に向かってできる。十字板の影が電極bの後ろにできるので，この場合，電子線は，a→bの向きにできている。

(4)(5)電子は，−の電気をもった非常に小さな粒子である。

(6)電圧を加えると，**導線の中を電子が−極から＋極へ向かって移動する。**この電子の流れによって電流が生じる。電子が発見される前に「**電流は＋極から−極へ流れる**」と決められていたので，電流の向きと電子の流れる向きは逆向きになる。

1 (1)等しい。

(2)−

(3)引き合う。

2 (1)ア

(2)ポリ塩化ビニルのパイプは，ポリエチレンのひもと同じ種類の電気を帯びていて，しりぞけ合う力がはたらいたため。

3 (1)①放射性物質 ②放射能 ③X

(2)物質を通りぬける性質（透過性）

4 (1)真空放電管に非常に大きな電圧を加える。

(2)陰極線（電子線）

(3)電子

(4)A→B

(5)A −極 B ＋極

(6)イ

(7)(磁石の)磁界

(8)上に曲がる。

5 (1)電子

(2)ア

(3)金属の中の−の電気をもった電子が，−極から＋
極に向かって移動するから。

解 説

1 (1)一般に，物体は＋と−の電気を同量もっている。

(2)異なる物体どうしをこすり合わせると，一方の物
体の−の電気がもう一方の物体に移動するため，どち
らの物体も電気を帯びる（帯電する）ことになる。−の
電気を失った物体は＋の電気，−の電気を受けとった
物体は−の電気を帯びる。

(3)ストローは−の電気，ティッシュペーパーは＋の
電気を帯びるため，引き合う。

2 (1)細かくさいたポリエチレンのひもをクッキング
ペーパーでよくこすると，クッキングペーパーから−
の電気をもった電子がポリエチレンのひもに移動す
る。このため，クッキングペーパーは＋の電気，ポリ
エチレンのひもは−の電気を帯びるようになる。ポリ
エチレンのひもはすべて−の電気を帯びるので，ひも
どうしがしりぞけ合って，開いた状態になる。

(2)ポリ塩化ビニルのパイプを近づけると，ポリエチ
レンのひもが宙にういたことから，パイプとひもは同
じ種類の電気を帯びていることがわかる。ポリ塩化ビ
ニルのパイプをクッキングペーパーでこすると，クッ
キングペーパーから電子がパイプに移動するので，クッ
キングペーパーは＋の電気，パイプは−の電気を帯び
るようになる。

ミス注意!

「しりぞけ合う力がはたらいたから。」のように，
電気の種類についてふれていないと不正解となる。

3 (1)放射線にはX線，α線，β線，γ線などがあり，
目では見ることができない。これらの放射線を出す物
質を放射性物質，放射線を出す能力を放射能という。

(2)X線は人工的につくり出すことができ，物質を通
りぬける性質がある。レントゲン検査では，この物質
を通りぬける性質を利用し，からだにX線を照射して
画像化し，病気の診断などに使われている。

4 (1)真空放電が起こるには，数万Vの高い電圧が必要
となる。

(2)(3)陰極線は電子の流れで，電子が蛍光板にぶつ
かることで光って見える。

(4)陰極線は，−極から出て＋極に向かう向きに生じ
る。

(5)すきまを通って電子線が広がっているので，Aが
−極，Bが＋極となる。

(6)電子は−の電気をもっている。−の電気どうしは
しりぞけ合い，−の電気と＋の電気は引き合うので，

Cが−極，Dが＋極になるように電圧を加えると，陰
極線は下に曲がる。

(7)電子の流れ（＝電流）は，磁石の磁界から力を受け
て曲がる。

(8)磁界の向きが図2と逆になるので，陰極線は反対
の向きに曲がる。

5 (1)金属はたくさんの原子が結びついてできている
が，内部に原子からはなれて自由に動き回る電子があ
る。

(2)電流を流すと，電子は−極から＋極に向かって移
動する。このとき，電流の向きは＋極から−極の向き
になる。

ミス注意!

(3)「金属は導体だから。」のように，「電子」につ
いて説明していないと，不正解となる。

第4章 電流とそのはたらき
定期テスト予想問題　　　　　　　　　　　本冊 P.102

❶ (1)比例関係

(2)電熱線 d

(3)5Ω

(4)45Ω

(5)b 1A　　c 0.4A

(6)a 1回　　b 2回　　c 3回　　d 2回

❷ (1)①静電気（摩擦電気）　　②ア

(2)エ

(3)①イ　　②ア

解 説

❶ (1)図2のグラフはすべて，原点を通る直線になって
いるので，電熱線に流れる電流とその両端に加わる電
圧の間には比例関係があることがわかる。

(2)図2のグラフの傾きが小さいほど，電流が流れに
くいので，抵抗が大きいことがわかる。抵抗が大きい
順に並べると，d→c→b→aとなる。

(3)図2から，電熱線aに4Vの電圧を加えると，
800mA＝0.8Aの電流が流れる。

$$抵抗〔Ω〕＝\frac{電圧〔V〕}{電流〔A〕}$$ より，電熱線aの抵抗の大きさは，

$$\frac{4}{0.8}＝5〔Ω〕$$

(4)もっとも抵抗が大きいのは電熱線dで，4Vの電
圧を加えると100mA＝0.1Aの電流が流れる。その抵
抗の大きさは，$\frac{4}{0.1}＝40〔Ω〕$

もっとも抵抗が小さいのは電熱線aの5Ωである。**直
列回路では，各部分の抵抗の大きさの和が全体の抵抗
の大きさになる**ので，電熱線aと電熱線dを直列につ
なぐと，全体の抵抗の大きさは，5＋40＝45〔Ω〕

(5)並列回路では，各部分に加わる電圧は全体の電圧
と等しくなる。よって，それぞれの電熱線に8.0Vの電

圧が加わる。**図2**より，4Vの電圧を加えたとき，電熱線**b**には500mA＝0.5Aの電流が流れ，電熱線**c**には200mA＝0.2Aの電流が流れる。**電流と電圧は比例**するので，2倍の8.0Vの電圧を加えると2倍の電流が流れる。よって，電熱線**b**には1A,電熱線**c**には0.4Aの電流が流れる。

（別解）

電熱線**b**は，4Vの電圧を加えると，500mA＝0.5Aの電流が流れるので，その抵抗の大きさは，

$$\frac{4}{0.5} = 8 〔Ω〕$$

電熱線**c**は，4Vの電圧を加えると，200mA＝0.2Aの電流が流れるので，その抵抗の大きさは，

$$\frac{4}{0.2} = 20 〔Ω〕$$

電流〔A〕＝$\dfrac{電圧〔V〕}{抵抗〔Ω〕}$より，電熱線**b**に流れる電流の大きさは，$\dfrac{8.0}{8} = 1〔A〕$

電熱線**c**に流れる電流の大きさは，$\dfrac{8.0}{20} = 0.4〔A〕$

(6) (5)と同じように考えて，電圧が8.0Vのとき，電熱線を流れる電流は，次のようになる。

a 1.6A   **b** 1A   **c** 0.4A   **d** 0.2A

電流計が示す値は，このうちの2つの値の和となるので，1回目～4回目の組み合わせを考えると，

1回目…0.4（電熱線**c**）＋0.2（電熱線**d**）＝0.6〔A〕

2回目…1（電熱線**b**）＋0.2（電熱線**d**）＝1.2〔A〕

3回目…1（電熱線**b**）＋0.4（電熱線**c**）＝1.4〔A〕

4回目…1.6（電熱線**a**）＋0.4（電熱線**c**）＝2.0〔A〕

ミス注意！

並列回路の全体の抵抗を利用して求めることもできるが，計算が非常に複雑になり，まちがいやすいので，このように表の値にあてはめて考えたほうがよい。

❷ (1) 2本のストローをやわらかい紙でこすると，ストローどうしは同じ種類の電気を帯びる。**同じ種類の電気どうしにはしりぞけ合う力がはたらく。**

(2) ＜実験2＞でポリ塩化ビニルの棒を近づけると，ストロー**A**がはなれたので，ポリ塩化ビニルの棒とストロー**A**は同じ種類の電気を帯びていることがわかる。よって，＜実験1＞のやわらかい紙とポリ塩化ビニルをこすった毛皮も同じ種類の電気を帯びていることになる。また，綿の布でこすったガラス棒を近づけると，ストロー**A**が引きつけられたので，ストロー**A**とガラス棒はちがう種類の電気を帯びていることがわかる。よって，綿の布とストロー**A**は同じ種類の電気を帯びていることになる。同じ種類の電気を帯びているものどうしをグループ分けすると，次のようになる。

ストロー，ポリ塩化ビニルの棒，綿の布
やわらかい紙，毛皮，ガラス棒

(3) ガラス棒を綿の布でこすると，ガラス棒から－の

電気をもった電子が綿の布に移動し，ガラス棒は＋の電気を帯びた状態になる。このガラス棒を蛍光灯に近づけると，蛍光灯から電子が移動し，蛍光灯に電流が流れる。